Matemáticas Discretas. Curso para Universidades Tecnológicas
Manual del Participante
Primera edición
Editor: Marcela Ramírez Hernández
Copyright © 2021 por Ingrid Paulina Jiménez Cardeña & Manuel Antonio López Ramírez
Diseño de portada: Jovanna Plata

Los diagramas y gráficas de este libro fueron realizados con la aplicación Lucid.co/es

Todos los derechos reservados. Las características de esta edición pertenecen a los autores. Ninguna parte de este libro puede ser reproducida en ninguna forma en ningún medio sin el permiso escrito de los autores. Esto incluye la reedición, reimpresión, fotocopiado, realización de resúmenes, grabado o cualquier método de reproducción actual o futura de texto, así como la distribución mediante alquiler o préstamos públicos. Si desea hacer algo de lo anterior primero solicite permiso contactando al autor en:

www.yo-dragon.com

Publicado en México por Editorial Nehat
La imagen de HAL 9000 usada en las ilustraciones fue tomada de:

https://commons.wikimedia.org/wiki/File:Hal_9000_Panel.svg

Que como lo especifica el autor, es de libre distribución en tanto se citen los créditos correspondientes.

Ingrid Paulina Jiménez Cardeña

Manuel Antonio López Ramírez

MATEMÁTICAS DISCRETAS
Curso para Universidades Tecnológicas
Manual del Participante

Editorial Nehat

Dedicado a la memoria del Dr. Adalberto García Máynez y Cervantes (1941 – 2016). Maestro y ejemplo de muchos, pero sobre todo, amigo en los tiempos difíciles, cuando pocos lo son.

No sabes cuánto he llorado tu partida. Aún tenía muchas cosas qué preguntarte y tú por contarme. Pero ahora sé que muy pronto volveremos a estar juntos, y ya nada nos volverá a separar. Te amo.

Dedicado a la memoria de José Luis Gavito Castellanos (1940 – 2017). Médico paciente y comprometido pero sobre todo, padre y esposo valiente y amoroso.

Dejaste una familia que hace la diferencia a cuantos tenemos la dicha de conocerla. Gracias por tan hermoso regalo para este mundo.

"Alicia no tenía la menor idea de lo que era la latitud, ni tampoco la longitud, pero le pareció bien decir estas palabras tan bonitas e impresionantes".

–¿Podrías decirme, por favor, qué camino debo seguir para salir de aquí?
　　–Esto depende en gran parte del sitio al que quieras llegar —dijo el Gato.
　　–No me importa mucho el sitio… —dijo Alicia.
　　–Entonces tampoco importa mucho el camino que tomes —contestó el Gato.

Alice's Adventures in Wonderland
Lewis Carroll

Índice

PRÓLOGO	11
INTRODUCCIÓN	15
PLANEACIÓN DIDÁCTICA	19

Competencias genéricas 20
Competencias disciplinares 21
Competencias específicas 22
Dinámicas de las sesiones 29

1. Lenguaje Matemático 33
2. Diagramas de Venn-Euler 45
3. Notación de Conjuntos y Aplicaciones 55
4. Lógica Proposicional 65
5. Inducción Matemática 73
6. Matrices..83
7. Relaciones 95
8. Relaciones de Equivalencia 105
9. Funciones Discretas 117
10. Sucesiones Aritméticas y Geométricas 127
11. Números Pseudo Aleatorios 137
12. Teoría de Grafos..147
13. Redes Sociales y Motores de Búsqueda en Intern........157
14. El Problema de la Ruta más Corta 167
15. Códigos y Árboles de Prefijo 181
16. Árboles Generadores Mínimos....................................193
17. Árboles de Búsqueda Binaria y Recorrido de Á 207
18. Árboles de Expresión y Balanceo de Árboles.............221
19. Árboles de Decisión 233
20. Álgebra de Boole 245
21. Mapas de Karnaugh 257
22. Simplificación Mediante Mapas de Karnaugh 269
23. Retículos en Álgebras de Boole..................................281
24. El Método de Quine-McClusky 297

25. Aplicaciones a la Electrónica 313

EVALUACIÓN DE LA ASIGNATURA   **323**

    Evaluación formativa 325
    Rúbrica de Evaluación Formativa 330
    Clave de la evaluación formativa 331
    Evaluación sumativa 335
    Clave de la evaluación sumativa 340
    Rúbrica de Evaluación Sumativa 343
    Rúbrica de Evaluación de Producto 344
    Rúbrica de Evaluación Final 349

ÍNDICE ANALÍTICO   **351**

Prólogo

¿Para qué sirven las matemáticas?

Es la pregunta a la que a menudo me enfrento. Al principio solía responder que *"Las matemáticas desarrollan el raciocinio, la creatividad y la abstracción"*. Pero conforme avanza el nuevo milenio, los estudiantes se contentan menos con esta respuesta.

En cierto momento entré a laborar en una universidad de las primeras en implementar el citado modelo educativo en mi país. Yo desconocía todo cuanto a pedagogía se refería, pues provengo de un sistema de enseñanza tradicional, así que durante algún tiempo me sentí extraviado. Como este enfoque educativo apenas se empezaba a instrumentar en México, la universidad programó una serie de capacitaciones a lo largo de dos años. Logré ser competente en todas y cada una de las certificaciones que nos hicieron tomar. Más me valía que así fuera, pues de lo contrario, tendría que volver a cursar el módulo no aprobado, y entonces me volverían a descontar su costo de mi no muy alto salario.

Luego de cuatro años mi entonces jefe, sin mayores argumentos, decidió prescindir de mis servicios. Así es que he estado en diversas instituciones educativas, y he podido comprobar que la mayoría de los directores y coordinadores no comprenden lo que es la evaluación por competencias, por lo que constantemente se contradicen en las indicaciones que dan.

El tiempo pasó hasta que un día ingresé a universidad famosa entre otras cosas, por la ferocidad de sus alumnos con los maestros y la falta de tolerancia de sus directivos. Tras docenas de exámenes para *"evaluar"* mis conocimientos, me asignaron un curso llamado *Matemáticas Discretas*. Necesitaba conservar el empleo pero la asignación de cursos se basaba únicamente en la evaluación de los alumnos a los docentes, así que tuve que buscar la manera de capturar el interés de los alumnos, cosa que hice tratando de contestar la pregunta: *¿Para qué sirven las matemáticas?* Tomé un cuaderno que tenía a mano y comencé a trazar lo que al final se convirtió en este manual.

Durante los tres primeros años mis ángeles alinearon todo: los alumnos que tuve eran entusiastas y gustaban de aprender. Los dos directores de carrera de los que dependía resultaron ser coherentes y amables, lo que me permitió seguir editando el manual. Gracias a eso pude experimentar con los ritmos, inquietudes y necesidades de los alumnos de las nuevas generaciones.

Al inicio del cuarto año la situación cambió. La asignatura que impartía pasó a ser administrada, ahora sí, por una directora sin conocimiento alguno de modelos educativos y por supuesto, sin tolerancia. Un día me mandó a llamar para decirme que *un alumno llegó con la queja de que yo le caía mal*. Ese fue mi último día en esa institución.

Fue en un empleo temporal donde conocí a Paulina, la revisora de este libro. Ella tiene una capacidad asombrosa de detectar errores con un simple vistazo, así como de aportar ideas frescas y nuevas. Ella sumó elevando la calidad del manuscrito que por supuesto, debe seguir teniendo errores, todos ellos de mi absoluta responsabilidad.

Espero que este libro logre acercar a aquellos que buscan respuesta a la pregunta "¿Para qué sirven las matemáticas?". Si hay algo que he aprendido, es que nadie nace sabiendo, y que venimos a este mundo para aprender los unos de los otros.

Manuel Antonio López Ramírez
Doctor en Ciencias Matemáticas

Introducción

En su libro *A New Kind of Science*, Stephem Wolfram plantea una visión computacional del universo: La naturaleza debe estar basada en procesos simples que al combinarse en enormes cantidades, dan lugar a los fenómenos naturales que conocemos. Se trata de un modelo en el que el espacio se va *creando a sí mismo* a través de reglas sencillas, y está formado por puntos discretos o casillas unidas por caminos, que permiten a los objetos moverse por el espacio: Si dos casillas tienen un camino que las conecta, entonces pueden moverse de la una a la otra. Éstas son las ideas que dan forma a las matemáticas discretas.

Esta obra te permitirá aprender los aspectos básicos de las matemáticas discretas a través de aplicaciones y ejemplos prácticos. Las competencias que se pretenden transmitir son propias de casi cualquier ingeniería tecnológica, por lo que cualquier estudiante de este tipo de carreras puede verse beneficiado del estudio de este manual. Cada capítulo se desarrolla basándose en los tiempos y ritmos de aprendizaje de las nuevas generaciones.

El material es auto contenido y puede estudiarse de manera autodidacta. No es necesario seguir el orden sugerido de las sesiones, aunque en algunos casos se deberá revisar alguno de los temas previos. Se espera que el participante ya haya llevado los cursos de álgebra superior y álgebra lineal, aunque esto no es del todo indispensable.

Ingrid Paulina Jiménez Cardeña[1]

Manuel Antonio López Ramírez[2]

Ciudad de México
Otoño de 2021

---

[1] Estudiante de Ingeniería en Aeronáutica (Instituto Politécnico Nacional)
[2] Dr. en Ciencias Matemáticas (Universidad Nacional Autónoma de México)

Planeación Didáctica

Las competencias son procesos que implican la aplicación de una gamma de conocimientos, habilidades, y destrezas con un enfoque de mejora continua. Su propósito es el de plantear y resolver problemas aplicados a alguna de las áreas del saber. Para llevar a cabo la planeación didáctica de esta asignatura se tomaron en cuenta competencias que integran conocimientos, habilidades, actitudes, y valores que un participante debe de mostrar. Dichas competencias se engloban en genéricas, disciplinares y específicas.

Competencias genéricas

Son aquellas que que se deben desempeñar durante la actividad profesional y social, independientemente de la disciplina en cuestión. Permiten el desarrollo ético, emprendedor, de liderazgo y compromiso de una persona en entornos de trabajo y sociales. Constituyen el perfil del participante, por lo que buscan facilitar su inserción en el mercado laboral.

Competencias genéricas
Usa las TIC en la solución de las diversas situaciones que se le proponen
Aplica las competencias vistas durante las sesiones de manera acumulativa. En caso de contar con competencias fuera del curso, cita sus fuentes
Actualiza sus conocimientos y habilidades compartiendo situaciones a las que haya dado solución en su hacer profesional o personal
Expresa su pensamiento en intervenciones de manera crítica, reflexiva y creativa
Trabaja en ambientes multi, inter y transdisciplinarios de manera cooperativa
Trabaja bajo presión de manera eficientemente
Trabaja de manera colaborativa en mini equipos

Competencias disciplinares

Son las que buscan desarrollar la creatividad y el pensamiento abstracto y lógico. Expresan los conocimientos, las habilidadades y las destrezas que el participante debe adquirir a lo largo del curso. Quien posee este tipo de competencias puede estructurar sus ideas, y argumentar sus respuestas de una manera eficiente.

Competencia disciplinar de la asignatura	Formula modelos matemáticos, ejecuta procedimientos discretos, plantea y resuelve situaciones de aplicación mediante técnicas matemáticas que no involucren la continuidad de las funciones
Tipo	Tronco común
Dosificación	26 clases de 2 horas cada una
Evaluaciones	1 evaluación formativa 1 evaluación sumativa 1 evaluación de producto
Requisitos	Álgebra superior, álgebra lineal, cálculo diferencial
Créditos	Por definir

Competencias específicas

Son aquellas competencias que la persona desarrollará para realizar de manera adecuada funciones, actitudes o tareas en relación con su profesión.

Competencias específicas	
Unidad	Competencias
I. Antecedentes y requisitos	Utiliza el lenguaje matemático para plantear y resolver problemas aplicando herramientas de teoría de conjuntos, lógica proposicional e inducción matemática
II. Relaciones, funciones y sucesiones	Comprende y hace uso de modelos matemáticos para relaciones, funciones y sucesiones discretas. Reconoce elementos y características de relaciones y funciones, y calcula términos sucesiones aritméticas, geométricas y de números pseudo aleatorios
III. Teoría de grafos	Plantea y resuelve problemas de redes sociales, motóres de búsqueda en internet y ruta más corta utilizando elementos de la teoría de grafos
IV. Árboles	Realiza encriptaciones mediante códigos de prefijo. calcula árboles generadores mínimos. Obtiene árboles de expresión y sus recorridos. Ejecuta balanceo de árboles y genera árboles de decisión
V. Álgebra y Boole y aplicaciones a la electrónica digital	Simplifica expresiones booleanas elementales mediante herramientas de álgebra booleana. Diseña circuitos electrónicos digitales elementales, y comprende la estructura básica de las álgebras de Boole

I. Antecedentes y Requisitos	
Secuencia de contenidos	Resultados del aprendizaje de acuerdo a la Taxonomía de Bloom
1. Lenguaje matemático	**Plantea** y **resuelve** problemas usando lenguaje matemático.
Desagregado de contenidos	Algunos conjuntos importantes. Tipos de problemas en matemáticas. Reglas, leyes y demostraciones.
2. Diagramas de Venn – Euler	**Realiza** operaciones con conjuntos e **identifica** conjuntos y subconjuntos en diagramas de Venn-Euler.
Desagregado de contenidos	Axiomas de la teoría de conjuntos. Diagramas de Venn-Euler. Operaciones entre conjuntos. Leyes de De Morgan
3. Notación de conjuntos y aplicaciones	**Encuentra** conjuntos a partir de otros **usando** operaciones conjuntistas.
Desagregado de contenidos	Conjuntos por extensión. Conjuntos por comprensión. Potencia de un conjunto.
4. Lógica proposicional	**Reconoce** proposiciones atómicas y moleculares, y **traza** tablas de verdad de proposiciones moleculares
Desagregado de contenidos	Proposiciones falsas, verdaderas y paradojas. Operadores lógicos. Tablas de verdad de proposiciones moleculares.
5. Inducción matemática	**Ejecuta** demostraciones de identidades de números naturales, y **comprende** algoritmos recursivos.
Desagregado de contenidos	Demostración de identidades con sumatorias. Algoritmos recursivos: la torre de Hanoi.
6. Matrices	**Describe** tipos de matrices discretas y **realiza** operaciones entre ellas.
Desagregado de contenidos	Algunos tipos de matrices. Operaciones con matrices.

II. Relaciones, funciones y sucesiones	
Secuencia de contenidos	Resultados del aprendizaje(de acuerdo a la Taxonomía de Bloom
7. Relaciones	**Nombra** características y definición de las relaciones, y las **esquematiza** en el plano cartesiano y en forma de conjunto.
Desagregado de contenidos	Representación de relaciones en el plano cartesiano, como conjunto y como diagrama sagital. Representación mediante matrices.
8. Relaciones de equivalencia	**Distingue** relaciones reflexivas, simétricas, transitivas y de orden. **Distingue** relaciones de equivalencia.
Desagregado de contenidos	Composición de relaciones. Relaciones de equivalencia. Relaciones de orden.
9. Funciones discretas	**Construye** diagramas sagitales de funciones, y los **esquematiza** en el plano cartesiano.
Desagregado de contenidos	Funciones inyectivas, suprayectivas y biyectivas. Conjuntos finitos e infinitos.
10. Sucesiones aritméticas y geométricas	**Distingue** sucesiones aritméticas y geométricas. **Calcula** términos faltantes. **Calcula** sumatorias finitas de sucesiones aritméticas y geométricas.
Desagregado de contenidos	Sucesiones aritméticas. Sucesiones geométricas.
11. Números pseudo aleatorios	**Construye** sucesiones de números pseudo aleatorios.
Desagregado de contenidos	Congruencias. Aritmética de las congruencias. Algunos criterios de divisibilidad. Generación de números pseudo aleatorios. Método de los centros de los cuadrados. Método congruencial mixto.

III.	Teoría de grafos
Secuencia de contenidos	Resultados del aprendizaje de acuerdo a la Taxonomía de Bloom
12. Teoría de grafos	**Identifica** vértices y aristas. **Diferencía** grafos conexos y no conexos. **Construye** matrices de adyacencia. **Distingue** grafos isomorfos. Reconoce grafos dirigidos y no dirigidos. **Construye** isomorfismos de grafos.
Desagregado de contenidos	Definición de grafos. Grafos dirigidos y no dirigidos. Matrices de adyascencia. Isomofismos de grafos
13. Redes sociales y motores de búsqueda en internet	**Construye** matrices de adyacencia de grafos y **hace uso** de ellas para resolver problemas de redes sociales. **Interpreta** algoritmo de motores de búsqueda de internet.
Desagregado de contenidos	Caminos en grafos. Logntitud de un camino. Nodos adyascentes. Aplicaciones a a redes sociales
14. El problema de la ruta más corta	**Construye** trayectorías mínimas **haciendo uso** de representaciones de grafos, e interpreta la matriz de adyascencia de internet. **Utiliza** el algortimo deDijkstra.
Desagregado de contenidos	Planteamiento y antecedentes del problema. Algoritmo de Dijkstra.

IV. Árboles	
Secuencia de contenidos	Resultados del aprendizaje de acuerdo a la Taxonomía de Bloom
15. Códigos y árboles de prefijo	**Hace uso** de árboles de código de prefijo para **Realizar** encriptamientos de cadenas de caracteres.
Desagregado de contenidos	Árboles enraízados. Árboles binarios. Códigos de prefijo. Codificación de Huffman.
16. Árboles generadores mínimos	**Construye** árboles generadores de peso mínimo de grafos conexos. **Comprueba** peso mínimo.
Desagregado de contenidos	Algoritmo de Kruskal. Algoritmo de Prim. El problema del agente viajero. Algoritmo de Christofides.
17. Árboles de búsqueda binaria	**Construye** árboles de búsqueda binaria de listas de datos **haciendo uso** de relaciones de orden.
Desagregado de contenidos	Árboles de búsqueda binaria. Recorridos de árboles binarios en altura: in orden, post orden, y preorden. Recorrido en anchura.
18. Árboles de expresión y balanceo de árboles	**Construye** árboles de expresión a partir de expresiones algebraicas y/o lógicas, y viceversa. **Elige** técnicas para balancear árboles binarios
Desagregado de contenidos	Árboles de expresión. Árboles binarios equilibrados o AVL. Construcción de árboles binarios a partir de recorridos
19. Árboles de decisión	**Construye** árboles de decisión para **examinar** posibilidades y costo de las mismas
Desagregado de contenidos	Árboles de expresión. Árboles de decisión. Minería de datos y aprendizaje automatizado

V.	Álgebra de Boole
Secuencia de contenidos	Resultados del aprendizaje de acuerdo a la Taxonomía de Bloom
20. Álgebra de Boole	**Elige** axiomas de álgebra booleana para **simplificar** expresiones booleanas elementales, y construye circuitos con compuertas digitales elementales.
Desagregado de contenidos	Operaciones booleanas y compuertas lógicas. Expresiones booleanas elementales
21. Mapas de Karnaugh	**Construye** mapas de Karnaugh y **emplea** su topología para agrupar conjuntos de unos
Desagregado de contenidos	Mapas de Karnaugh de 2, 3, 4, 5 y 6 variables.
22. Simplificación mediante mapas de Karnaugh	**Simplifica** expresiones boleanas elementales **haciendo uso** de mapas de Karnaugh.
Desagregado de contenidos	Simplificación de funciones booleanas elementales.
23. Retículos en álgebras de Boole	**Identifica** elementos máximos, maximales, mínimos y minimales. **Construye** diagramas de Hasse.
Desagregado de contenidos	Diagramas de Hasse. Elementos maximales y mínimos. Retículos. Retículos distributivos. El pentágono y el diamante.
24. El método de Quine - McCluskey	**Simplifica** expresiones booleanas elementales y circuitos de ocmpuertas lógias digitales, **haciendo uso** del método de Quine-McCluskey.
Desagregado de contenidos	Prodducto cartesiano de álgebras de Boole. Funciones y expresiones booleanas. El método de Quine-McCluskey.
25. Aplicaciones a la electrónica digital	**Simplifica** expresiones booleanas elementales y circuitos de ocmpuertas lógias digitales, **haciendo uso** del método de Quine-McCluskey
Desagregado de contenidos	Construcción de circuitos digitales elementales.

Dinámica de las Sesiones

En el modelo por competencias las técnicas de enseñanza son pautas que sugieren cómo dirigir las sesiones. Existe una gran variedad de técnicas, cada una de ellas más o menos adaptables al tipo de asignatura que se esté impartiendo aunque ninguna sea del todo universal, pues no se pueden comparar las estrategias de aprendizaje de las clases de idiomas con las de las asignaturas de matemáticas, porque conforman conocimientos significativamente diferentes.

Las dinámicas con las que se desarrollan las clases incluso de una misma asignatura suelen diferir, toda vez que rara vez hay dos grupos iguales, por lo que sus dinámicas internas también serán diferentes. Nuestra propuesta se baja en aquellas dinámicas que son aplicables a casi cualquier asignatura, aunque como mencionamos antes, no se puede decir que funcionarán en todas las situaciones.

Dichas pautas son la técnica expositiva, la técnica demostrativa y técnica de diálogo-discusión. Estas dinámicas promueven el aprendizaje cognoscitivo, psicomotor y afectivo, y llevan al estudiante por las etapas de inicio, desarrollo y cierre de cada una de las sesiones.

Técnica Expositiva

Consiste en la exposición oral por parte del instructor de los temas de de la sesión de acuerdo a la planeación. Se aplica en casi todas las disciplinas y niveles, y suele ser la más común. La exposición debe emplearse de manera activa, estimulando la participación de los participantes con preguntas directas o abiertas para evitar que se convierta en un monólogo. Se suele acompañar de la solución de ejercicios intercalando reflexión y análisis del discurso entre los participantes.

Técnica Demostrativa

Está se basa en procedimientos deductivos, y sirve para comprobar la veracidad de algunos tipos de afirmaciones. Entre los tipos de demostraciones existentes esán la intelectual, que es cuando se cotejan pruebas y razonamientos, la experimental, que es cuando se reproducen fenómenos o experiencias, la documental, que es cuando se reúnen textos comprobatorios, y la operacional, que es cuando se reproducen acciones y procesos.

Técnica Diálogo-Discusión

El propósito de un diálogo en competencias es el de construuir un puente entre los participantes, de tal manera que se unan a la reflexión sobre los temas que se están abordando, a manera de que externen sus propias conclusiones y conjeturas.

El desarrollo de cada sesión

En cada sesión luego de aplicarse cada una de las técnicas mencionadas antes, se recomienda formar equipos con integrantes elegidos al azar para que en conjunto resuelvan los ejercicios propuestos al final de cada capítulo. El facilitador del conocimiento apoyará a los equipos durante toda la sesión. Al final cada equipos expondrá algunos de los ejercicios al resto de los participantes.

El uso de la letra x como símbolo matemático, nace de la palabra árabe para representar una cantidad numérica no conocida: shei. Los escritores griegos que traducían textos matemáticos egipcios, por una cuestión de simplicidad, la tradujeron como *chi*, mucho más fácil de leer en el alfabeto helénico.

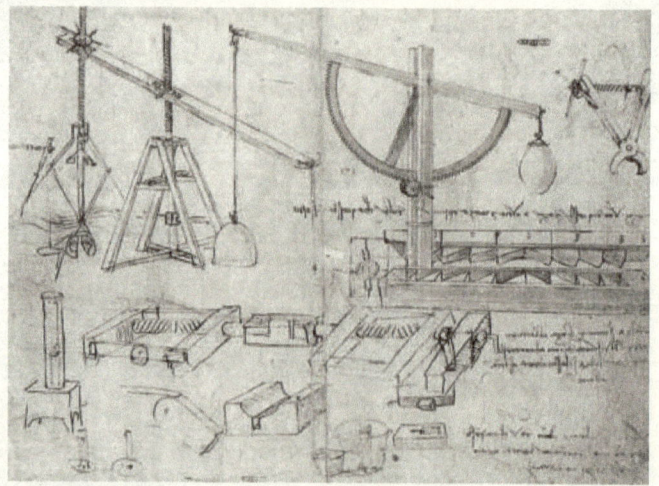

Como prácticamente la mayor parte de los aspectos culturales de la humanidad, el origen de la incógnita x es poco claro, y se expande y extiende a través de varias culturas. Como tal, rastrear su origen exacto fue difícil, y llevó un gran esfuerzo por parte de los historiadores e incluso al día de hoy, sigue siendo un tanto confuso.

Los conceptos básicos de las matemáticas discretas son aquellos que se relacionan con los conjuntos, las funciones y su notación. Es común utilizar símbolos y variables para denotar expresiones complejas.

Algunos conjuntos importantes

En matemáticas suelen aparecer algunos conjuntos de manera muy frecuente, por lo que se ha dedicado símbolos especiales para denotarlos. A lo largo de este curso usaremos con frecuencia los dos siguientes conjuntos:

$$\mathbb{N} = \{1,2,3,\dots\} \text{ (Números naturales)}$$

$$\mathbb{Z} = \{1,2,3,\dots;0;-1,-2,-3,\dots\} \text{ (Números enteros)}$$

El uso del lenguaje matemático ayuda al planteamiento y solución de los problemas. Como todo lenguaje, es necesario practicarlo y ejercitarlo a fin de poder dominarlo.

Tipos de problemas en matemáticas

Resolver un problema requiere de un proceso que está ligado a muchas y muy variadas cuestiones. En general se observa la existencia de dos subprocesos que se alternan aún estando incompletos. Estos son el de comprensión, a través del cual organizamos un modelo mental de situación y decidimos acerca de la naturaleza del problema. El segundo subproceso es el de búsqueda, a través del cual se inspeccionan las evidencias y metas para hallar una solución.

Decimos que dos problemas tienen la misma naturaleza si su proceso de resolución es similar. Esto permite agrupar los problemas en "clases" a las que llamamos "problema tipo". Una primera clasificación consiste en separar a los problemas en dos grandes grupos: a) Problemas de Resolver y b) Problemas de Demostrar.

El propósito de un problema de "resolver" es hallar cierto objeto que es desconocido, como la incógnita del problema, sobre el cual se tiene cierta información, que en cualquier caso son los datos del problema. Los elementos característicos de los problemas de resolver son tres: incógnita(s), datos y condición que vincula datos e incógnita.

Ejemplo

La base de un rectángulo es 3 cm mayor que la altura. Si aumentamos en 2 tanto la base como la altura del rectángulo, su área aumenta en 26 unidades cuadradas. Encontrar las dimensiones del rectángulo inicial.

Solución

Es conveniente, siempre que sea posible, trazar un dibujo de la situación que el problema plantea:

$$a \quad \boxed{} \quad a+2 \quad \boxed{}$$
$$\qquad a+3 \qquad\qquad a+5$$

Si llamamos A_1 al área del primer rectángulo y por A_2 al área del segundo, entonces:

$$A_2 = A_1 + 26$$
Sustituyendo las equivalencias de A_1 y A_2 en función de a obtenemos:
$$(a+2)(a+5) = a(a+3) + 26$$
$$a^2 + 7a + 10 = a^2 + 3a + 26$$
$$a^2 + 7a - a^2 - 3a = 26 - 10$$
$$4a = 16$$
$$a = 4$$
Por tanto, las dimensiones del rectángulo original son:

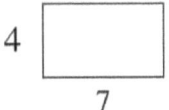

Ejemplo

Los catetos de un triángulo rectángulo se diferencían en 2 unidades. Si se disminuye en 2 unidades cada uno de los lados, se obtiene otro triángulo rectángulo con 12 unidades menos de área. Encontrar el área del triángulo original.

Solución

Bosquejemos la situación planteada en el problema:

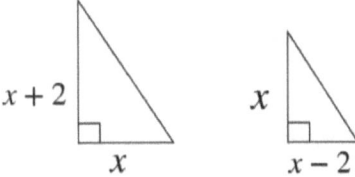

Si llamamos A_1 al área del primer triángulo y A_2 a la del segundo, el problema nos dice que:
$$A_1 = A_2 + 12$$
Sabiendo que el área de un triángulo es el producto de la base por la altura dividido entre 2, obtenemos:

$$\frac{x(x+2)}{2} = \frac{x(x-2)}{2} + 12$$
$$\left[\frac{x(x+2)}{2}\right]\cdot 2 = \left[\frac{x(x-2)}{2} + 12\right]\cdot 2$$
$$x(x+2) = x(x-2) + 12\cdot 2$$
$$x^2 + 2x = x^2 - 2x + 24$$
$$2x = -2x + 24$$
$$2x + 2x = 24$$
$$4x = 24$$
$$x = 6$$

Entonces:
$$A_1 = \frac{x(x+2)}{2} = \frac{6(6+2)}{2} = \frac{48}{2} = 24$$

Ejemplo

El agua de mar tiene un 3% de sal. ¿Cuántos litros de agua dulce se deben agregar a 25 litros de agua de mar para que tengan sólo un 2% de sal?

Solución

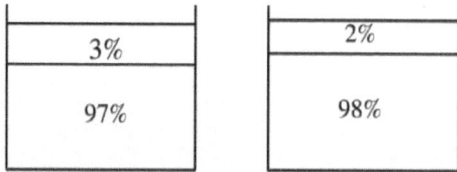

Los 25 litros de agua de mar tienen un 3% de sal, por lo que la cantidad que hay de ésta es:

$$25\ lt \cdot 0.03 = 0.75\ lt$$

El resto es agua dulce, así que su cantidad es:

$$25\ lt - 0.75\ lt = 24.25\ lt$$

Al agregar x cantidad de agua dulce tendremos $(25 + x)\ lt$ de la mezcla, mientras que la cantidad de agua sin sal será

$(24.25 + x)\ lt$. Queremos que la cantidad de sal sea del 2%, así que la cantidad de agua será el 98% de la mezcla. Planteando esto nos queda:

$$24.25 + x = 0.98(25 + x)$$
$$24.25 + x = 24.5 + 0.98x$$
$$x - 0.98x = 24.5 - 24.25$$
$$0.02x = 0.25$$
$$x = \frac{0.25}{0.02}$$
$$x = 12.5$$

Así, la cantidad de agua dulce que hay que agregar para que la mezcla tenga la concentración deseada de sal será de $12.5\ lt$.

El propósito de un problema de "demostrar" consiste en mostrar de modo concluyente la verdad o falsedad de una afirmación claramente enunciada. En un problema clásico de este tipo, los elementos característicos son dos: la hipótesis y la conclusión o tesis.

Asociado a cada "problema tipo" en general hay "esquemas de procedimientos tipo" los cuales facilitan la exploración, búsqueda, planteamiento, y todo aquello que lleve a la resolución de un problema.

Se conoce una gran variedad de esquemas tipo, como por ejemplo: regresivo, progresivo, progresivo-regresivo, por inducción, por contradicción, por enumeración, contrar recíproco, bifurcación, construcción, selección, etcétera.

Reglas, leyes y demostraciones

Actualmente se reconoce tres tipos de reglas o leyes:

- Las arbitrarias, es decir las validadas por un "criterio de autoridad" . Ejemplo: las reglas de tránsito.
- Las deducidas lógicamente, es decir, las validadas por un "criterio lógico". Ejemplo: para todos $a, b \in \mathbb{R}$ se cumple que $(a+b)^2 = a^2 + 2ab + b^2$
- Las inferidas inductivamente, es decir, las validadas por un "criterio experimental".
  Ejemplo: "la distancia recorrida por un cuerpo en caída libre es directamente proporcional al cuadrado del tiempo" (Ley de Galileo).

Para las matemáticas la validez de una afirmación se demuestra para todos los casos, mientras que para las reglas empíricas la validez de una afirmación se infiere de un número finito de casos, y a partir de ahí se asume (no se demuestra) que lo observado como válido para un número finito de casos, es válido para todos los casos, incluidos los no observados.

La afirmación "todos los números naturales son menores que 100,000,000" es una afirmación falsa aunque se puedan mostrar millones de números menores que 100,000,000, pero basta mostrar un contra ejemplo (el del número 100,000,001) para ver que esta afirmación es en general falsa. Esto nos da las pautas de cómo justificar un verdadero y como un falso:
- Justificación del Falso: a través de un contraejemplo, es decir, dando un ejemplo donde la afirmación no se cumple.
- Justificación del Verdadero: por medio de una demostración, es decir, deducir la verdad de una afirmación a partir de afirmaciones cuyo valor de verdad se conoce o acepta (la palabra deducir refiere a un proceso sujeto a las reglas de la lógica).

Ejemplo

Sea n un número natura. Demostrar que si n es impar, entonces n^2 es impar.

Solución

Sea n un número natural impar, es decir, n es de la forma $n = 2k + 1$ para aglún $k \in \mathbb{Z}$. Luego:
$$n^2 = (2k+1)^2 = 4k^2 + 4k + 1 = 2(2k^2 + 2) + 1$$
Pero $2k^2 + 2$ es un entero, al que podemos denotar por m. Luego $n^2 = 2m + 1$, lo que demuestra que n^2 es un número impar.

Ejemplo

Demostrar que si n^2 es un número par, entonces n es también un número par.

Solución

En el ejemplo anterior se demostró que si $p = $ "n es un número natural impar", entonces $q = $ "n^2 también lo es". La demostración es por un razonamiento contrarecíproco: "no q" implica "no p". Por tanto, si n^2 es par, entonces n también lo es.

Ejercicios

1. Plantear y resolver los siguientes problemas utilizando lenguaje algebraico:
   a) Una circunferencia tiene un radio que mide 8 unidades. Determinar en cuánto habrá de aumentarse el radio para que el perímetro sea el triple.
   b) Se tiene una habitación cuadrada. Si se recorriera una de las paredes una unidad, entonces su superficie aumentaría en 4 unidades cuadradas. Hallar las nuevas dimensiones de la habitación.
   c) El área de un rectángulo aumenta en 185 unidades cuadradas cuando la base y la altura aumentan en 5 unidades cada una. Determinar las dimensiones del rectángulo original, sabiendo que uno de los lados mide el triple que el segundo.
   d) Dos fuentes abiertas simultáneamente llenan un depósito en 3 horas. Una de ellas, sola, lo llenaría en 4 horas. Encontrar cuánto tiempo tardará la segunda en llenar el depósito.
   e) Dos hombres tardan 5 horas en levantar una pared de ladrillo. Uno de ellos lo haría en 6 horas él solo. Calcular el tiempo que tardaría el segundo trabajador en levantar la pared él solo.
   f) Un obrero emplea 25 días para finalizar un trabajo. Si se hubiera dedicado dos horas más por día, habría terminado en 20 días. Encontrar el tiempo que trabajó diariamente para terminar el trabajo.
   g) El agua de mar tiene un 3% de sal. ¿Cuántos litros de agua dulce se deben agregar a 30 litros de agua de mar para que tenga sólo un 1% de sal?

h) Una nave espacial parte en un vuelo de reconocimiento. En la primera etapa consume la tercera parte del combustible cargado, en la segunda los 2/5 de lo que resta y para la tercera y última le quedan 40,000 litros. ¿Qué cantidad de combustible cargó la nave espacial?

i) Una mujer invierte el 40% de sus ahorros en ropa. Después gasta las 2/3 partes de lo que le quedaba en libros y aún le quedan $120. ¿Cuánto gastó en libros?

2. Demostrar o refutar, según corresponda, las siguientes afirmaciones:

   a) Si un número natural es múltiplo de 100 entonces es múltiplo de 10.
   b) Si un número natural es múltiplo de 10 entonces es múltiplo de 100.
   c) Si n es un número natural impar, entonces $n^2 - 1$ es múltiplo de 4.
   d) Si n y m son números enteros impares, entonces $m - n = 0$.
   e) Si n y m son números enteros pares, entonces $m - n$ es par.
   f) Si un número natural no es múltiplo de 2 entonces es múltiplo de 3.
   g) Si n y m son números naturales pares, entonces $m \cdot n$ es par.
   h) Si n y m son números enteros impares, entonces $m \cdot n$ es impar.
   i) Si $n = 3k + 2$ con $k \in \mathbb{N}$, entonces n es impar.
   j) Si $n = 3k + 2$ con $k \in \mathbb{N}$, entonces n es divisible por 3.
   k) Si $n = 3k + 2$ con $k \in \mathbb{N}$, entonces n es divisible por 2.

Diagramas de Venn-Euler

Georg Cantor (1845 – 1918) matemático, físico y filósofo alemán de origen ruso, se doctoró en 1867 y empezó a trabajar como profesor adjunto en la Universidad de Halle. En 1874 publicó su primer trabajo sobre teoría de conjuntos. Es considerado como el padre de esta teoría. Él definió el concepto de conjunto como sigue:

"Cualquier colección C de objetos determinados y bien distintos x de nuestra percepción o pensamiento, que se denominan elementos de C".

Dicha teoría tiene una importancia preponderante en áreas como la lógica y el Álgebra de Boole, pero su alcance va mucho más allá.

La teoría de conjuntos se basa en un conjunto de axiomas conocidos como de Zermelo-Fraenkel, los cuales enunciamos a continuación:

Axiomas de la teoría de conjuntos

- Dos conjuntos son iguales si y sólo si tienen los mismos elementos **(Axioma de Extensionalidad)**.
- Existe un conjunto sin elementos, conocido como conjunto vacío, el cual se denota como ∅ **(Axioma de Existencia)**.
- Dados dos conjuntos, existe otro tal que sus elementos son estos dos conjuntos **(Axioma del Par)**.
- Para cualquier conjunto A hay otro tal que sus elementos son los elementos de los elementos de A **(Axioma de la Unión)**.
- Dado un conjunto A existe otro conjunto (llamado conjunto potencia de A, al que se le denota como $Pot(A)$) tal que sus elementos son todos los subconjuntos de A **(Axioma de las partes o Potencia)**.
- Dados un conjunto A y una propiedad p, existe otro tal que sus elementos son aquellos de A que satisfacen p **(Axioma de Comprensión o del Subconjunto)**.
- Dado un conjunto y la relación de orden parcial dada por la pertenencia ∈, existe un elemento mínimo de A respecto a este orden parcial **(Axioma del Regularidad)**.

Escapa a los alcances de este libro ver la teoría de conjuntos al nivel de esta axiomatización, por lo que nos enfocaremos sólo a la parte intuitiva de la misma.

Cuando un objeto x pertenezca a un conjunto A, se escribirá como $x \in A$.

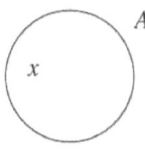

En caso de que x no sea un elemento del conjunto A, se denotará como $x \notin A$.

Diagramas de Venn-Euler

Ideados por el matemático John Venn hacia 1880, son esquemas gráficos usados en la teoría de conjuntos para representar y comprender las distintas operaciones y relaciones que se dan entre uno o más conjuntos. Si bien son una herramienta que sólo es útil en matemáticas elementales, no por eso deja de ser de gran ayuda para el estudio de prácticamente cualquier área de las matemáticas.

Una característica fundamental de los diagramas de Venn es que delimitan los conjuntos en cuestión mediante el llamado Conjunto Universal U, también conocido como Universo de Discurso.

Operaciones entre conjuntos

Al igual que en álgebra o aritmética, existe funciones que operan sobre uno o más conjuntos, y que tienen algún tipo de interés. Considérense dos conjuntos A y B, representados mediante el siguiente diagrama de Venn-Euler:

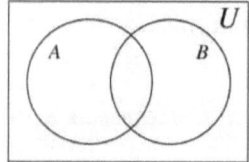

A continuación, enunciamos algunas de las operaciones básicas. Proporcionamos un ejemplo de cada una de ellas basados en el diagrama de Venn-Euler anterior:

Unión de A con B: $A \cup B = \{x \in U : x \in A \text{ o } x \in B\}$

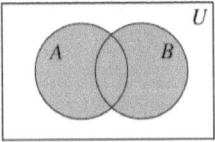

Intersección de A con B: $A \cap B = \{x \in U : x \in A \text{ y } x \in B\}$

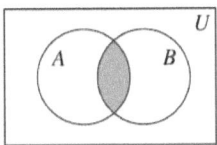

Diferencia de A con B: $A - B = \{x \in U : x \in A \text{ y } x \notin B\}$

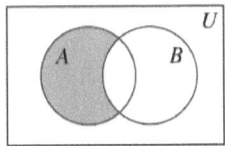

Diferencia simétrica de A con B: $A \Delta B = (A - B) \cup (B - A)$

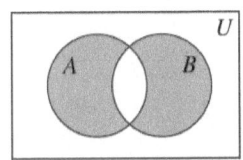

Los bocetos anteriores no pretenden ser exhaustivos, pues las diferentes situaciones que se presentan entre dos o más conjuntos son infinitas, además de que se pueden mezclar más de dos conjuntos en un mismo problema.

Ejemplos

Considérese el siguiente diagrama de Venn:

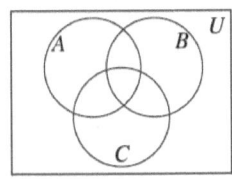

Identificar la región que se obtiene de las operaciones entre conjuntos indicadas:

a) $A \cap (B \cup C)$

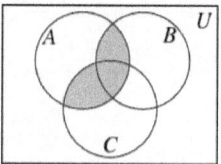

b) $(A \Delta B) \cap C$

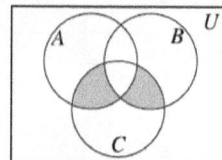

c) $(A \Delta B) \Delta C$

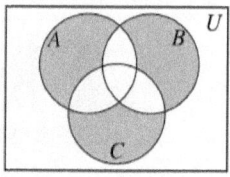

Complemento de un conjunto

Para usar el concepto de complemento de un conjunto mediante diagramas de Venn-Euler, es necesario recordar que siempre se está trabajando en un Universo de Discurso U, que es una suerte de limitador de los conjuntos de los que se está hablando. Dicho lo anterior, sea A un conjunto. Definimos su complemento como:

$$A^c = U - A$$

El complemento de un conjunto tiene las siguientes propiedades:

1. $U^c = \emptyset$, $\emptyset^c = U$
2. $(A^c)^c = A$
3. $A \cup A^c = U$
4. $A \cap A^c = \emptyset$
5. Si $A \subseteq B$, entonces $B^c \subseteq A^c$

Leyes de De Morgan

Auguste De Morgan fue un matemático y lógico inglés, que vivió de 1806 a 1871. Él fue el primero en establecer la siguiente relación entre dos conjuntos A y B, y sus complementos respecto a la unión e intersección de conjuntos:

- Primera ley: $(A \cup B)^c = A^c \cap B^c$
- Segunda ley: $(A \cap B)^c = A^c \cup B^c$

Ejercicios

1. Dado el siguiente diagrama de Venn, colorear las regiones que corresponden a los conjuntos que se indican a continuación.

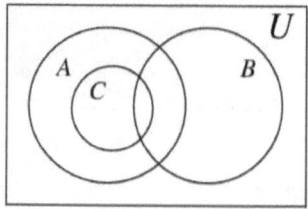

   a) $(A \cup B) \cap C$
   b) $A \cap (B \cup C)$
   c) $(A \cap C) \cup (B \cap C)$
   d) $(A \cup B) \cap (B \cup C)$
   e) $(A - B) \cap (A - C)$
   f) $(A \cap B)^c$
   g) $(A \cup B)^c$
   h) $A - (B^c \cap C)$
   i) $[(A - B) \cap (B - C)]^c$
   j) $(A - B)^c \cup (A - C)^c$
   k) $(A^c \cup B)^c$
   l) $[A^c \cap B^c]^c$
   m) $[A^c \cup B^c]^c - C$

2. Identificar los conjuntos que se solicitan del siguiente diagrama de Venn:

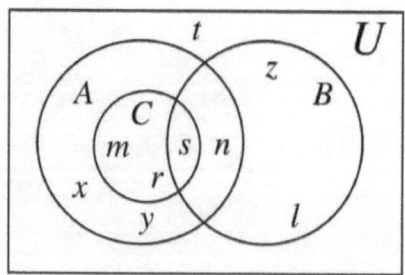

a) $A \cap (B \cup C)$
b) $(A \cap C) \cup (B \cap C)$
c) $(A \cup B) \cap (B \cup C)$
d) $(A - B) \cap (A - C)$
e) $(A \cap B)^c$
f) $(A \cup B)^c$
g) $A - (B^c \cap C)$
h) $[(A - B) \cap (B - C)]^c$
i) $(A - B)^c \cup (A - C)^c$
j) $(A^c \cup B)^c$
k) $[A^c \cap B^c]^c$
l) $[A^c \cup B^c]^c - C$

3. Determinar la validez de los siguientes argumentos mediante diagramas de Venn:

    a) Ningún empirista es racionalista. Los positivistas son empiristas. Por tanto, ningún positivista es racionalista.

    b) Algunos matemáticos son rigurosos. Algunos matemáticos fallan en los cálculos. Todos los matemáticos que fallan en sus cálculos no son rigurosos. Por tanto, todos los matemáticos rigurosos no fallan en los cálculos.

    c) Hay creyentes agnósticos y creyentes no agnósticos. Ningún ateo es creyente. Todos los agnósticos son ateos. Por tanto, algún ateo no es creyente ni agnóstico.

    d) Todos los bailarines son egocéntricos. Algunos egocéntricos les gusta que les miren, aunque hay a otros que no. A los que les gusta son bailarines y a los que no también. Por tanto, Todos los egocéntricos son bailarines.

    e) Los filósofos son amantes de la sabiduría. Algunos amantes de la sabiduria persiguen el bien. Por tanto, algunos filósofos persigen el bien.

4. Sen un laboratorio de ingeniería eléctrica se prueban componentes electrónicos.
   - Sea A el conjunto de resistencias que soportna altas temperaturas.
   - Sea B el conjunto de resistencias que soportan altos voltajes.
   a) Interpretar el conjunto $A \cup B$.
   b) Interpretar el conjunto $A \cup B$.
   c) Interpretar el conjunto $(A \cup B)^c$.

Hay dos maneras de denotar un conjunto: por extensión y por comprensión. En la primera se listan los elementos del mismo, o se indican algunos de ellos tratando de dejar claro el patrón que siguen. En el segundo caso se describe alguna característica de los elementos del conjunto.

Conjuntos por extensión

Tomemos el siguiente universo de discurso:
$$U = \{1,2,3,4,5,6,7,8,9,10,11,12,13,14,15\}$$
Sean
$$A = \{2,4,5,6,7,8,9\}$$
$$B = \{6,7,10,11,14\}$$
$$C = \{7,8,9,10,12,13\}$$

Ejemplo. Denotar por extensión los siguientes conjuntos:
a) $(A \cup B)$
b) $(A \cap C)$
c) $(A \cup B) \cap C$

Solución

En este caso conviene realizar el diagrama de Venn de los conjuntos dados:

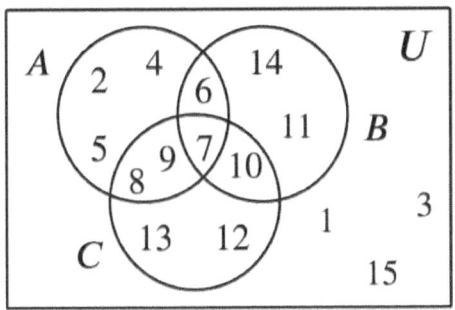

Así vemos que:
a) $A \cup B = \{2,4,5,6,7,8,9,10,11,14\}$
b) $A \cap C = \{7,8,9\}$
c) $(A \cup B) \cap C = \{7,8,9,10\}$

Conjuntos por comprensión

El conjunto P de los número pares, se representa de manera extensiva como sigue a continuación:
$$P = \{0,2,4,6,...\}$$
Y su representación por comprensión es la siguiente:
$$P = \{x \in \mathbb{Z}: x = 2k, k = 0,1,2,...\}$$

Ejemplo

Sea D el conjunto de las potencias de 2. Su representiación por extensión es:
$$D = \{1,2,4,8,...\}$$

Su representación por comprensión puede ser expresada como:

$$D = \{x \in \mathbb{Z}: x = 2^k, k = 0, 1, 2, \ldots\}$$

Ejemplo

Sean $A = \{x \in \mathbb{Z}: x = x^3\}$ y $B = \{x \in \mathbb{Z}: x = x^2\}$. Listar de manera extensiva los elementos de A y de B:

Solución

$$A = \{-1, 0, 1\} \qquad B = \{0, 1\}$$

Si A es un conjunto, su cardinalidad es su número de elementos, lo que se denota como $|A|$.

Subconjuntos

Dados conjuntos A y B, decimos que A está contenido en B si todo elemento de A es un elemento de B. Esto se denota como $A \subseteq B$.

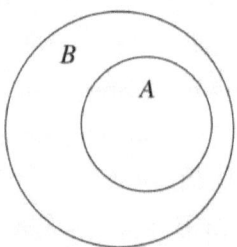

Potencia de un conjunto

Sea A un conjunto. Definimos su conjunto potencia, $Pot(A)$, como:

$$Pot(A) = \{x: x \text{ es subconjunto de } A\} = \{x: x \subseteq A\}$$

El conjunto $Pot(A)$ está formado por todos los subconjuntos de A, incluido el vacío. En general, si $|A| = n$, entonces $|Pot(A)| = 2^n$.

Ejemplo

Si $A = \{1,2,3\}$, entonces su conjunto potencia está dado por:

$$Pot(A) = \{\emptyset, \{1\}, \{2\}, \{3\}, \{1,2\}, \{1,3\}, \{2,3\}, \{1,2,3\} = A\}$$

Si se cuenta con información entre diversos conjuntos, es posible trazar el diagrama de Venn-Euler que mejor describa la situación, y con él determinar información que no estaba disponible desde el principio.

Ejemplo

En un conjunto de 60 alumnos de ingeniería en sistemas, 35 de ellos estudian *Java*, 25 estudian $C++$ y 10 estudian ambos lenguajes. ¿Cuántos alumnos estudian sólo *Java*? ¿Cuántos sólo estudian $C++$? ¿Cuántos no estudian ninguno de los dos lenguajes?

Solución

Aunque no hay una única manera de resolver este tipo de problemas, lo mejor es ir trabajando las intersecciones de los conjuntos que se mencionan, ubicando primero las que tienen una mayor cantidad de conjuntos involucrados. En nuestra situación, trazaremos un diagrama de Venn-Euler con un par de conjuntos:

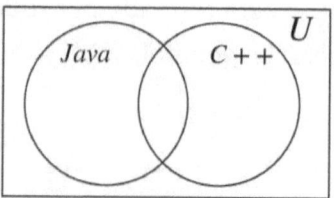

De acuerdo a la información proporcionada, hay 10 estudiantes que asisten a ambas clases, por lo que esa es la cantidad que hay en la intersección:

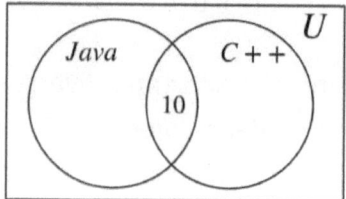

En la clase de Java hay 35 estudiantes, pero ya contamos 10 de ellos, por lo que la diferencia nos da la cantidad de alumnos que sólo estudia Java y no el otro lenguaje de programación:

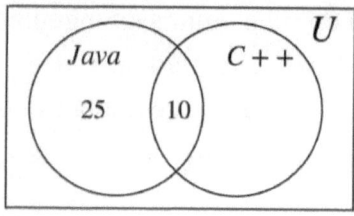

Realizando el mismo razonamiento para el conjunto de estudiantes del lenguaje $C++$, obtenemos:

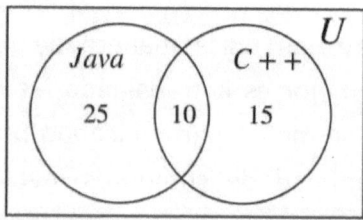

En total hay 60 alumnos, pero en nuestro diagrama sólo hay 50. Eso quiere decir que el resto se haya en el complemento de los conjuntos dados:

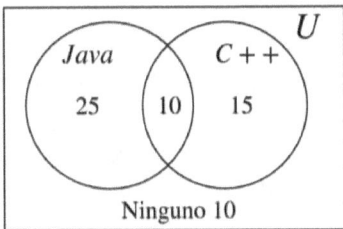

Ejercicios

1. Listar por extensión los siguientes conjuntos:
   a) $A = \{x \in \mathbb{Z} : x^2 = 4\}$.
   b) $B = \{x \in \mathbb{Z} : x - 2 = 5\}$.
   c) $C = \{x \in \mathbb{Z} : x \text{ es positivo y } x \text{ es negativo}\}$.
   d) $D = \{x \in \mathbb{Z} : x \text{ es una letra de la palabra "correcto"}\}$

2. Sean $A = \{x \in \mathbb{Z} : |x - 2| \leq 4\}$ y $B = \{x \in \mathbb{Z} : |x - 1| > 2\}$. Escribir por extensión los conjuntos $A, B, A \cap B, A \cup B, A - B, B - A, A\Delta B$.

3. Sean $A = \{x \in \mathbb{Z} : |x + 1| \leq 2\}$ y $B = \{x \in \mathbb{Z} : x^2 > 2\}$. Denotar por extensión los conjuntos $A, B, A \cap B, A \cup B, A - B, B - A, A\Delta B$.

4. Escribir por comprensión los siguientes conjuntos:
   a) $A = \{1, 4, 9, 16, 25, ...\}$
   b) $B = \{1, 2, 4, 8, 16, 32, 64, ...\}$
   c) $C = \{0, 3, 6, 9, 12, 15, ...\}$
   d) $D = \{1, 3, 9, 27, 81, ...\}$
   e) $E = \{7, 16, 25, 34, 43, ...\}$

5. Una compañía tiene 350 empleados de los cuales, 160 obtuvieron un aumento de sueldo, 100 fueron promovidos, y 60 obtuvieron un aumento de sueldo y fueron promovidos. Trazar un diagrama de Venn que describa esta situación y contestar las siguientes preguntas:
   a) ¿Cuántos empleados obtuvieron un aumento de sueldo, pero no fueron promovidos?
   b) ¿Cuántos empleados fueron promovidos, pero no obtuvieron un aumento de sueldo?
   c) ¿Cuántos empleados no obtuvieron aumento de sueldo ni fueron promovidos?

6. De un grupo de 62 trabajadores, 25 laboran en la fabrica A, 33 en la fabrica B, y 40 en la fabrica C. Se sabe también que

7 trabajadores están contratados en las tres fabricas. ¿Cuántas personas trabajan en a lo más dos fábricas?

7. En un conjunto de 185 estudiantes, 8 toman cálculo, álgebra y computación; 33 toman cálculo y computación; 20 toman cálculo y álgebra; 24 toman álgebra y computación; 79 están en cálculo, 83 están en álgebra y 63 en computación. Trazar el diagrama de Venn que represente la situación anterior y contestar las siguientes preguntas:
   a) ¿Cuántos estudiantes toman exclusivamente cálculo?
   b) ¿Cuántos estudiantes toman sólo dos asignaturas?
   c) ¿Cuántos estudiantes no toman ninguna de estas asignaturas?

8. La Secretaría de Educación municipal requiere la provisión de cargos docentes en las siguientes áreas: 7 profesores que impartan matemáticas, física y programación; 9 de los profesores deben impartir física y matemáticas a la vez; 9 deben impartir física y programación a la vez; 12 deben impartir matemáticas y programación a la vez. Para el área de matemáticas hay 22 plazas. Para el área de física hay 14 plazas. Para el área de programación hay 15 plazas.
   a) ¿Cuántos profesores se requiere para impartir matemáticas únicamente?
   b) ¿Cuántos profesores se requiere para impartir sólo física?
   c) ¿Cuántos profesores impartirán una sola asignatura?
   d) ¿Cuántas plazas en total serán necesarias para cubrir la demanda?

9. Una encuesta realizada a 200 personas sobre del consumo de tres productos A, B y C reveló que 87 consumen A, 102 consumen B y 95 consumen C, 60 utilizan A y B, 50 usan A y C, y 70 consumen usan B y C. ¿Cuántas personas consumen los tres productos al mismo tiempo si 144 de ellas

usan al menos uno de los tres productos y 56 de ellas no consumen ninguno de los tres productos?

a) ¿Cuántas personas consumían solamente B?
b) ¿Cuántas personas consumían A y B?
c) ¿Cuántas personas consumían solamente A?

Una proposición es un enunciado escrito en modo indicativo, es decir, es una oración que afirma o niega algo de algo. En este contexto, las proposiciones pueden ser ciertas, falsas o ninguna de las dos, en cuyo caso reciben el nombre de paradojas. A continuación damos un ejemplo de una famosa paradoja:

La Paradoja del Barbero (Bertrand Russel)

En una barbería está el siguiente anuncio:
"Afeito sólo a quienes no se afeitan a sí mismos".
¿Quién afeita al barbero?

De afeitarse él mismo, sería uno de los que se afeitan a sí mismos. Por lo tanto, el barbero (él) no puede afeitarlo.

Si otra persona lo afeita, ya no se afeita él, pero su cartel dice que el barbero (él) es quien lo afeita.

Una proposición se dice atómica si no se puede dividir en proposiciones más simples. Se dice que una proposición es molecular si se obtiene de la unión de proposiciones atómicas mediante algún o algunos conectores lógicos, llamados también operaciones booleanas. Es común que dada una proposición p, se le asigne el valor 0 si es falsa, y el valor 1 si es verdadera.

Operadores lógicos

Se denomina constantes lógicas o conectores a las partículas que sirven para unir proposiciones simples y convertirlas en fórmulas complejas. Podemos usar los signos de agrupación (,) para forzar el orden en que se llevan a cabo las conexiones lógicas. Las constantes lógicas más comunes son:

Negación ($\neg$)

Por definición, es aquel operador que invierte el valor de verdad de una proposición. Su tabla de verdad es:

p	$\neg p$
0	1
1	0

Conjunción ($\wedge$)

Se puede traducir como "y". Su tabla de verdad es:

p	q	$p \wedge q$
0	0	0
0	1	0
1	0	0
1	1	1

p	q	$p \vee q$
0	0	0
0	1	1
1	0	1
1	1	1

Disjunción ($\vee$)

Se interpreta como "o" en lógica proposicional. Su tabla de verdad es:

p	q	$p \vee q$
0	0	0
0	1	1
1	0	1
1	1	1

Condicional o implicador ($\rightarrow$)

Se interpreta como "si p entonces q". Su tabla de verdad es:

p	q	$p \rightarrow q$
0	0	1
0	1	1
1	0	0
1	1	1

Tablas de verdad de proposiciones moleculares

Las tablas de verdad son esquemas que muestran cómo los valores de verdad de proposiciones moleculares (o compuestas) dependen de los valores de verdad de las proposiciones atómicas que las componen, y de los conectivos lógicos empleados.

Ejemplo

Trazar la tabla de verdad de la proposición molecular:

$$(p \lor q) \to r.$$

Solución

Comenzamos por trazar una tabla con las variables involucradas, no olvidando que la cantidad de renglones será 2^n, donde n es el número de proposiciones atómicas:

p	q	r
0	0	0
0	0	1
0	1	0
0	1	1
1	0	0
1	0	1
1	1	0
1	1	1

Luego agregamos las proposiciones moleculares de acuerdo ya sea a su jerarquía, o al orden que indiquen los símbolos auxiliares. En nuestro caso, vamos a agregar la columna correspondiente a la proposición molecular $p \lor q$:

p	q	r	$p \lor q$
0	0	0	0
0	0	1	0
0	1	0	1
0	1	1	1
1	0	0	1
1	0	1	1
1	1	0	1
1	1	1	1

Por último, agregamos la columna correspondiente a la proposición molecular $(p \vee q) \to r$:

p	q	r	$p \vee q$	$(p \vee q) \to r$
0	0	0	0	1
0	0	1	0	1
0	1	0	1	0
0	1	1	1	1
1	0	0	1	0
1	0	1	1	1
1	1	0	1	0
1	1	1	1	1

Una proposición se dice lógicamente equivalente a otra cuando sus tablas de verdad son iguales. En el caso de la implicación $(p \to q)$, ésta resulta ser equivalente a la proposición $(\neg p \vee q)$, tal y como lo muestra la siguiente tabla de verdad:

p	q	$p \to q$	$\neg p$	$\neg p \vee q$
0	0	1	1	1
0	1	1	1	1
1	0	0	0	0
1	1	1	0	1

Ejercicios

1. Construir las tablas de verdad de las siguientes proposiciones:
   a) $\neg(p \to \neg q) \land (p \land \neg q)$
   b) $\neg(p \land \neg q) \land (p \land \neg q)$
   c) $(p \lor \neg q) \to (\neg p \to \neg q)$
   d) $(\neg p \land q) \lor (\neg p \to q)$
   e) $[(p \to q) \land (q \to r)] \to (p \land r)$
   f) $[(p \land q) \to r] \to (p \lor r)$
2. Si p y r son proposiciones verdaderas y q es falsa, determinar el valor de verdad de:
   a) $[(p \land \neg q) \lor \neg r] \to q$
   b) $[(\neg r \lor q) \land (r \lor \neg p)] \to \neg r$
   c) $[(\neg p \to q) \to \neg r] \lor [\neg q \to r]$
5. ¿Qué condiciones deben satisfacer p y q para que las siguientes proposiciones sean:
   a) $[(q \to p) \land \neg q] \to (p \land \neg q)$ Falsa
   b) $[(\neg p \to q) \to \neg r] \lor (\neg q \to r)$ Falsa
   c) $[\neg p \land (p \lor r)] \land (r \to q)$ Verdadera
6. Se dice que dos proposiciónes son esquemas equivalentes cuando los valores finales de sus tablas de verdad son iguales. Determinar si las siguientes parejas de proposiciones son equivalentes o no:
   a) $[(p \land \neg q) \lor \neg (q \land \neg p)]$ y $[(p \to q) \to (q \to p)]$
   b) $[p \to (q \lor r)]$ y $[(p \to q) \lor (q \to r)]$
   c) $[p \to (q \land r)]$ y $[\neg p \lor (q \land r)]$
   d) $[\neg (p \lor q)]$ y $(\neg p \lor \neg q)$
7. En los siguientes problemas considerar las siguientes proposiciones:

   p = Panamá está en América Central
   q = Colombia está al sur de Venezuela

$r =$ Quito es la capital de Ecuador

Escribir como proposición compuesta las siguientes frases y determinar el valor de verdad que poseen:

a) Panamá está en América Central y Colombia está al sur de Venezuela.

b) Colombia no está al sur de Venezuela.

c) Quito no es la capital de Ecuador ni Panamá está en América Central.

d) Si Panamá está en América Central y Colombia no está al sur de Venezuela, entonces ni Panamá está en América central ni Quito es la capital de Ecuador.

8. Determinar la validez de los siguientes argumentos:

   a) Ningún empirista es racionalista. Los positivistas son empiristas. Por tanto, ningún positivista es racionalista.

   b) Algunos matemáticos son rigurosos. Algunos matemáticos fallan en los cálculos. Todos los matemáticos que fallan en sus cálculos no son rigurosos. Por tanto, todos los matemáticos rigurosos no fallan en los cálculos.

   c) Hay creyentes agnósticos y creyentes no agnósticos. Ningún ateo es creyente. Todos los agnósticos son ateos. Por tanto, algún ateo no es creyente ni agnóstico.

   d) Todos los bailarines son egocéntricos. Algunos egocéntricos les gusta que les miren, aunque hay a otros que no. A los que les gusta son bailarines y a los que no también. Por tanto, Todos los egocéntricos son bailarines.

   e) Los filósofos son amantes de la sabiduría. Algunos amantes de la sabiduria persiguen el bien. Por tanto, algunos filósofos persigen el bien.

Inducción Matemática

La inducción matemática es una técnica para realizar demostraciones de afirmaciones que se cumplen para una lista de proposiciones infinita. El primer uso conocido lo hizo el sacerdote italiano Francesco Maurolico (1494-1575) en su publicación "Arithmeticorum libri duo" (1575). En el siglo XVII, tanto Pierre de Fermat como Blaise Pascal utilizaron esta técnica. Augustus De Morgan fue el primero que describió el proceso cuidadosamente y le nombró inducción matemática en 1883.

Sean m un número y una propiedad matemática P. Cuando m satisface P, suele denotarse como $P(m)$. El principio de inducción matemáticas es el siguiente: Una propiedad P es cierta para todos los números naturales $\mathbb{N}$ si:

1. $P(1)$ es cierta (Base de Inducción)
2. Si dado que $P(k)$ es cierta hasta cierto número natural k (Hipótesis de Inducción), entonces, $P(k+1)$ es cierta (Paso de Inducción)

Aplicación a sumatorias

Demostrar que para todo natural n, se cumple:
$$1 + 3 + 5 + \cdots + (2n - 1) = n^2$$

Solución

Base de inducción: $n = 1$
$$1 = 1^2 = 1$$
Hipótesis de inducción: El resultado es cierto hasta para cierto natural k
$$1 + 3 + 5 + \cdots + (2k - 1) = k^2$$
Paso de inducción: Comprobar el resultado para $k + 1$
$$1 + 3 + 5 + \cdots + (2k - 1) + [2(k + 1) - 1] =$$
$$= k^2 + [2(k + 1) - 1]$$
$$= k^2 + 2k + 2 - 1$$
$$= k^2 + 2k + 1$$
$$= (k + 1)^2$$

Lo que, por el principio de inducción, demuestra la afirmación.

Ejemplo

Demostrar que para todo natural n se cumple:

$$1^2 + 2^2 + \cdots + n^2 = \frac{n(n + 1)(2n + 1)}{6}$$

Solución

Base de Inducción: $n = 1$

$$1^2 = 1 = \frac{1(1 + 1)[2(1) + 1]}{6} = \frac{1(2)[3]}{6}$$

Hipótesis de Inducción: El resultado es cierto hasta cierto natural k

$$1^2 + 2^2 + \cdots + k^2 = \frac{k(k+1)(2k+1)}{6}$$

Paso de Inducción: Comprobar el resultado para $k+1$

$$\begin{aligned}
1^2 + 2^2 + \cdots + k^2 + (k+1)^2 &= \frac{k(k+1)(2k+1)}{6} + (k+1)^2 \\
&= \frac{k(k+1)(2k+1) + 6(k+1)^2}{6} \\
&= \frac{(k+1)[k(2k+1) + 6(k+1)]}{6} \\
&= \frac{(k+1)[2k^2 + k + 6k + 6]}{6} \\
&= \frac{(k+1)[2k^2 + 7k + 6]}{6} = \frac{(k+1)[(k+2)(2k+3)]}{6} \\
&= \frac{(k+1)[(k+1+1)(2k+2+1)]}{6} \\
&= \frac{(k+1)\,[(k+1)+1]\,[2(k+1)+1]}{6}
\end{aligned}$$

Por lo que el resultado es cierto para todo número natural.

Podría parecer que la base de inducción es un paso que está de más. Sin embargo, si esta no se cumple, la conclusión puede ser falsa, como lo mostramos a continuación.

Ejemplo

Demostrar mediante inducción matemática que para todo número natural n, se cumple que $n = n + 1$.

Solución

Hipótesis de inducción: Supongamos que el resultado es cierto hasta cierto k natural, es decir:
$$k = k + 1$$
Paso de inducción: Para probar que el resultado es cierto para $k + 1$, procedemos como sigue:
$$k + 1 = (k + 1) + 1 = k + 1 + 1 = (k + 1) + 1$$

Por lo que el resultado sería cierto para todo número natural, lo cual es absurdo. El error está en que la afirmación es falsa para $n = 1$, es decir, no satisface la base de inducción.

Algoritmos recursivos: La Torre de Hanoi

Existe un juego llamado "Las Torres de Hánoi", que fue inventado por el matemático francés Édouard Lucas (1842-1891), quien para su creación, se basó en una leyenda hindú. El juego consiste de una cantidad de discos perforados en el centro, de radio creciente, que se apilan insertándose en tres postes fijos. El objetivo es trasladar todos los discos de un poste a otro sin que se coloque un disco más grande encima de otro más pequeño. En cada paso sólo se puede mover un disco a la vez.

El problema es muy conocido en la ciencia de la computación, y es común encontrarlo en textos introductorios a la teoría de algoritmos. El punto es describir un algoritmo para mover todos los discos de un poste a otro siguiendo las reglas del juego.

Entrada: Tres pilas de números *origen*, *auxiliar*, *destino*, con la pila *origen* ordenada

Salida: La pila *destino*

Si *origen* **entonces**
  Inicio
    Mover el disco 1 de pila origen a la pila destino
    Terminar
  Fin
si no
  Inicio
    hanoi(origen,destino,auxiliar)
    //mover todas las fichas menos la más grande (n) a la varilla auxiliar
  Fin
Mover disco n a *destino* //mover la ficha grande hasta la varilla final
Hanoi (*auxiliar, origen, destino*)
  //mover todas las fichas restantes, 1...$n-1$, encima de la ficha grande (n)
Terminar

Para determinar el número de movimientos a realizar, hagamos el siguiente análisis: Cuando tenemos un solo disco ($n = 1$), basta mover este único disco para completar el juego:

Es decir, el juego se completa en una iteración. Cuando tenemos dos discos ($n = 2$), una solución al juego es la siguiente:

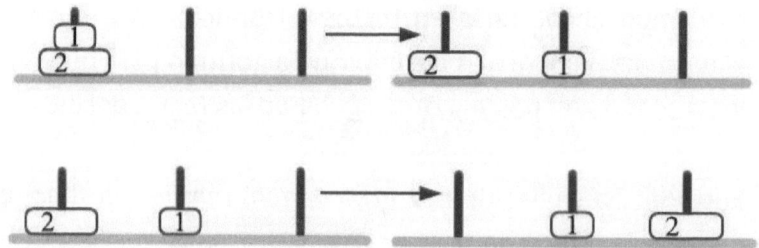

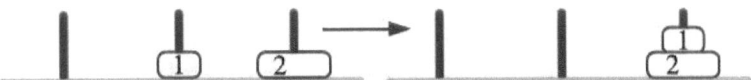

Es decir, el juego se completa en tres iteraciones. Cuando tenemos tres discos ($n = 3$), una solución al juego es la siguiente:

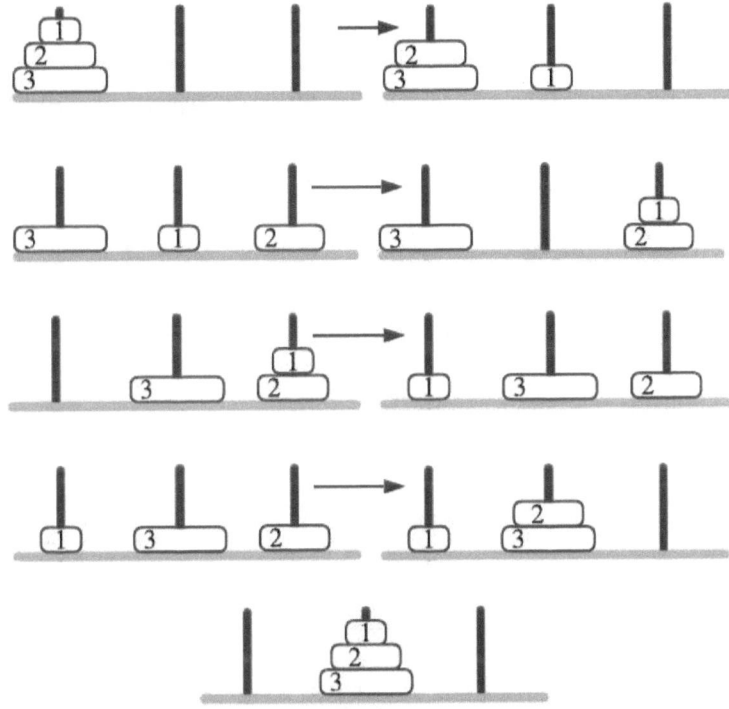

Es decir, el juego se completa en 7 iteraciones. Como vemos, se está generando una sucesión {1,3,7,...}, cuyo término general es:

$$H_n = 2^n - 1$$

Para probar esta conjetura, usaremos inducción matemática.

La base de inducción (el caso $n = 1$) ya se probó. Es decir, un solo disco se puede mover de un poste a otro usando:

$$2^1 - 1 = 2 - 1 = 1$$

movimientos. Supongamos que para $n = k$, el resultado se cumple. Es decir, que para mover $n = k$ discos de una torre a otra, se requieren de $2^k - 1$ movimientos:

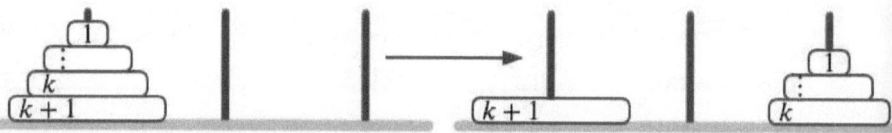

$2^k - 1$ movimientos

Consideremos una pila de $k + 1$ discos. Por la hipótesis de inducción, para mover k discos se requiere de $2^k - 1$ movimientos:

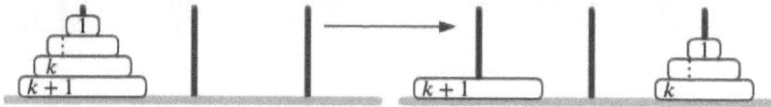

Moviendo el $(k + 1)$-ésimo disco, acumulamos un movimiento más:

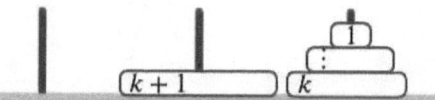

Nuevamente, por la hipótesis de inducción, para mover k discos se requieren de $2^k - 1$ iteraciones:

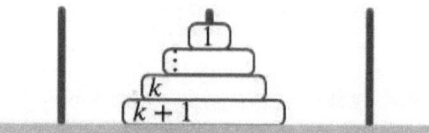

Así, para mover $k + 1$ discos, requerimos de:
$$(2^k - 1) + 1 + (2^k - 1) = 2(2^k - 1) + 1 = 2 \cdot 2^k - 2 + 1$$
$$= 2^{k+1} - 1$$

movimientos, lo que por el principio de inducción, demuestra nuestra conjetura.

Ejercicios

1. Demostrar por inducción matemática las siguientes identidades:
   a) $1 + 2 + 3 + \cdots + n = \frac{n(n+1)}{2}$
   b) $2 + 4 + 6 + \cdots + 2n = n(n + 1)$
   c) $3 + 7 + 11 + \cdots + (4n - 1) = n(2n + 1)$
   d) $1 \cdot 3 + 2 \cdot 4 + 3 \cdot 5 + \cdots + n(n + 2) = \frac{n(n+1)(2n+7)}{6}$
   e) $1 \cdot 2 + 2 \cdot 3 + 3 \cdot 4 + \cdots + n(n + 1) = \frac{n(n+1)(n+2)}{3}$
   f) $0 \cdot 1 + 1 \cdot 2 + 2 \cdot 3 + \cdots + (n - 1)n = \frac{n(n-1)(n+1)}{3}$
   g) $1^3 + 2^3 + 3^3 + \cdots + n^3 = \frac{n^2(n+1)^2}{4}$
   h) $1^2 + 3^2 + 5^2 + \cdots + (2n - 1)^2 = \frac{n(2n-1)(2n+1)}{3}$

2. Si n es un número natural cualquiera, demostrar que:
$$\frac{1}{6}(2n^3 + 3n^2 + n)$$
es un número natural.

3. Aplicar inducción matemática sobre n para demostrar que para cualquier número real $p > 0$ y cualquier número natural n se cumple:
$$(1 + p)^n \geq 1 + np + \frac{n(n-1)p^2}{2}$$

4. Demostrar por inducción matemática que para todo natural m se cumple:
$$\frac{m^3}{3} < 1^2 + 2^2 + \cdots + m^2$$

5. Demostrar por inducción matemática, que $6^n - 1$ es divisible entre 5 para todo n en los naturales.

6. Utilizar inducción matemática para demostrar que la identidad

$$\left(1+\frac{1}{1}\right)\cdot\left(1+\frac{1}{2}\right)\cdots\left(1+\frac{1}{n}\right) = n+1$$

Se cumple para todo natural n.

7. Demostrar que para todo natural n se cumple: $n! > 3^{n-2}$

8. El juego de Nim se juega entre dos personas con las siguientes reglas: Se pone un número n de fichas iguales sobre la mesa. Cada jugador en su turno puede tomar 1, 2 ó 3 fichas. El jugador que toma la última ficha pierde. Demuestre que el primer jugador tiene una estrategia ganadora siempre y cuando n no deje residuo 1 en la división entera entre 4.

9. Un polígono se dice convexo si dados dos puntos de su interior, el segmento que los une está contenido en el interior del polígono:

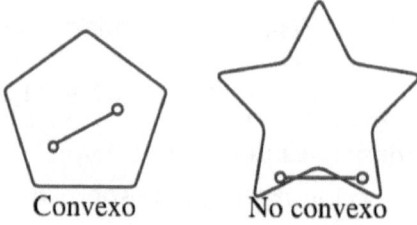

Convexo   No convexo

Probar que el número total de diagonales que tiene un polígono convexo de n lados ($n \geq 3$), es $n(n-3)/2$.

Matrices

Las matrices son objetos matemáticos de gran utilidad ya que permiten modelar y resolver una gamma de problemas muy amplia. En particular, sirven para representar relaciones entre objetos y estructuras, como sucede en la teoría de grafos. Se atribuye a James Joseph Sylvester haber sido el que utilizó por primera vez el término matriz en 1848.

Cayley introdujo en 1858 la notación matricial. En 1925 Werner Heisenberg redescubre el cálculo matricial, fundando una primera formulación de lo que iba a pasar a ser la mecánica cuántica. A él se le considera a este respecto como uno de los padres de la mecánica cuántica.

Dado un conjunto X de $m \times n$ elementos, se denomina matriz de n filas por m columnas a un arreglo rectangular como el siguiente:

$$A_{m \times n} = \begin{pmatrix} a_{11} & \cdots & a_{1n} \\ \vdots & \ddots & \vdots \\ a_{m1} & \cdots & a_{mn} \end{pmatrix}$$

Donde cada a_{ij} es uno de los elementos de X.

Es usual denotar lo anterior como $A = (a_{ij})$, $i = 1, \ldots, n$, $j = 1, \ldots, m$. Por otro lado, la diagonal principal de una matriz cuadrada serán los elementos a_{ii} de la matriz, $i = 1, 2, \ldots, n$.

$$A = \begin{pmatrix} 2 & 1 & -1 \\ 1 & 0 & 4 \\ 0 & -1 & 2 \end{pmatrix}$$

Algunos tipos de matrices

A continuación, daremos ejemplos de algunos de los tipos de matrices más importantes.

Matrices cuadradas

Son aquellas en las que número de filas es igual que el número de columnas. Las denotamos como A_n.

$$A_3 = \begin{pmatrix} 2 & -1/3 & 3 \\ 0 & 1 & 0 \\ -1 & 0 & 1 \end{pmatrix}$$

Matrices nulas

Son aquellas matrices cuadradas tales que todas sus entradas son iguales a cero.

$$0 = \begin{pmatrix} 0 & 0 & 0 & 0 \\ 0 & 0 & 0 & 0 \\ 0 & 0 & 0 & 0 \\ 0 & 0 & 0 & 0 \end{pmatrix}$$

Matrices diagonales

Son matrices cuadradas $A_n = (a_{ij})$ tales que sus elementos son cero, salvo acaso los de la diagonal principal. Si una matriz diagonal es tal que todos los elementos de la diagonal principal son iguales, entonces se llamará matriz escalar.

$$0 = \begin{pmatrix} 0 & 0 & 0 & 0 \\ 0 & 2 & 0 & 0 \\ 0 & 0 & -1 & 0 \\ 0 & 0 & 0 & 4 \end{pmatrix}$$

Matrices identidad

Son aquellas matrices cuadradas que son 0 en todas partes salvo en su diagonal, que está formada por 1's. Se les denota por I_n.

$$I_2 = \begin{pmatrix} 1 & 0 \\ 0 & 1 \end{pmatrix} \quad I_3 = \begin{pmatrix} 1 & 0 & 0 \\ 0 & 1 & 0 \\ 0 & 0 & 1 \end{pmatrix}$$

Matrices triangulares superiores

Son aquellas matrices cuadradas en las que todos los elementos situados por debajo de su diagonal principal son 0:

$$U = \begin{pmatrix} 4 & 0 & -1 \\ 0 & 1 & 0 \\ 0 & 0 & 0 \end{pmatrix}$$

Matrices triangulares inferiores

Son aquellas matrices tales que todos los elementos situados por arriba de su diagonal principal son 0:

$$L = \begin{pmatrix} 0 & 0 & 0 \\ 5 & 1 & 0 \\ 0 & 2 & -1 \end{pmatrix}$$

Operaciones con matrices

Al igual que con otras estructuras de matemáticas, entre las matrices se pueden definir operaciones que extienden a las operaciones aritméticas de los números reales.

Suma de matrices

Sean $A = (a_{ij})$ y $B = (b_{ij})$ matrices de tamaño $m \times n$. Definimos su suma como:
$$A + B = (a_{ij}) + (b_{ij}) = (a_{ij} + b_{ij})$$

$$\begin{pmatrix} 6 & 0 & -1 \\ 3 & 1 & -5 \\ 0 & 0 & 1 \end{pmatrix} + \begin{pmatrix} 8 & 0 & 0 \\ -3 & 7 & 2 \\ 6 & 1 & 1 \end{pmatrix} = \begin{pmatrix} 14 & 0 & -1 \\ 0 & 8 & -3 \\ 6 & 1 & 2 \end{pmatrix}$$

Multiplicación de matrices por escalares

Sean $A = (a_{ij})$ una matriz de tamaño $m \times n$ y r un escalar. Entonces $rA = (ra_{ij})$:
$$2 \cdot \begin{pmatrix} 5 & 0 & 0 \\ 0 & 3 & 0 \end{pmatrix} = \begin{pmatrix} 10 & 0 & 0 \\ 0 & 6 & 0 \end{pmatrix}$$

Multiplicación de matrices

Si $A = (a_{ij})$ y $B = (b_{ij})$ son matrices, sólo se podrá realizar su producto si sus tamaños son $m \times n$ y $n \times r$ respectivamente, y la matriz producto:
$$A \cdot B = C = (c_{ij})$$

que tendrá tamaño $m \times r$, estará dada por:

$$c_{ik} = a_{i1}b_{1k} + a_{i2}b_{2k} + \cdots + a_{im}b_{mk} = \sum_{j=1}^{m} a_{ij}b_{jk}$$

$$\begin{pmatrix} 1 & 0 & 4 \\ 0 & -1 & 2 \end{pmatrix} \begin{pmatrix} 1 & 3 \\ -2 & 0 \\ 2 & 1 \end{pmatrix} = \begin{pmatrix} 9 & 7 \\ 6 & 2 \end{pmatrix}$$

Las operaciones se desglosan a continuación:
$$1 \cdot 1 + 0 \cdot (-2) + 4 \cdot 2 = 9$$
$$1 \cdot 3 + 0 \cdot 0 + 4 \cdot 1 = 7$$
$$0 \cdot 1 + (-1) \cdot (-2) + 2 \cdot 2 = 6$$
$$0 \cdot 3 + (-1) \cdot 0 + 2 \cdot 1 = 2$$

Es común abreviar el producto $A \cdot A$ como A^2.

Matrices idempotentes

Son matrices A tales que $A^2 = A$.

$$A = \begin{pmatrix} 2 & -3 & -5 \\ -1 & 4 & 5 \\ 1 & -3 & -4 \end{pmatrix}$$

Matrices involutivas

Son matrices tales que su cuadrado es igual a la identidad, es decir, A es involutiva si $A^2 = I$. La siguiente es un ejemplo de matriz involutiva:

$$A = \begin{pmatrix} 1 & -1 \\ 0 & 1 \end{pmatrix}$$

Matrices booleanas

Son aquellas tales que sus entradas son 0 ó 1. Suelen utilizarse representar relaciones entre conjuntos.

$$A = \begin{pmatrix} 1 & 1 & 0 \\ 0 & 1 & 0 \end{pmatrix} \qquad B = \begin{pmatrix} 0 & 0 & 1 \\ 0 & 1 & 1 \end{pmatrix}$$

Traspuesta de una matriz

Sea $A = (a_{ij})$ una matriz $m \times n$. Definimos su traspuesta como:
$$A^T = (a_{ij})^T = (a_{ji})$$
$$\begin{pmatrix} 1 & 0 & 4 \\ 0 & -1 & 2 \end{pmatrix}^T = \begin{pmatrix} 1 & 0 \\ 0 & -1 \\ 4 & 2 \end{pmatrix}$$

Propiedades

a) $(A^T)^T = A$
b) $(A + B)^T = A^T + B^T$
c) $(rA)^T = rA^T$
d) $(AB)^T = B^T A^T$

Matrices simétricas y antisimétricas

Una matriz A se dice simétrica si $A^T = A$, y se llamará antisimétrica o hemisimétrica si $B^T = -B$.
$$A = \begin{pmatrix} 1 & 0 & 1 \\ 0 & 1 & 1 \\ 1 & 1 & 0 \end{pmatrix} \qquad B = \begin{pmatrix} 0 & -1 & -1 \\ 1 & 0 & -4 \\ 1 & 4 & 0 \end{pmatrix}$$

Matrices ortogonales y normales

Una matriz O se llama ortogonal si $O \cdot O^T = I$, y se llama normal si:
$$N \cdot N^T = N^T \cdot N$$

Ejemplo

$$A = \begin{pmatrix} -1 & 0 \\ 0 & 1 \end{pmatrix} \qquad A = \begin{pmatrix} 6 & -3 \\ 3 & 8 \end{pmatrix}$$

Traza de una matriz

Sea $A_n = (a_{ij})$ una matriz cuadrada. La traza de A_n, denotada por $tr(A_n)$, es la operación de sumar todos los elementos de la diagonal principal, es decir:

$$tr(A_n) = \sum_{i=1}^{n} a_{ii}$$

Ejemplo

$$A = \begin{pmatrix} 1 & 9 & 3 \\ 9 & 2 & -1 \\ 3 & -1 & 5 \end{pmatrix}$$

$$tr(A) = 1 + 2 + 5 = 8$$

Ejercicios

1. Calcular las siguientes operaciones con matrices sabiendo que:

$$A = \begin{pmatrix} 1 & 9 & 3 \\ 3 & -1 & 5 \end{pmatrix} \quad B = \begin{pmatrix} 2 & 0 & 0 \\ 6 & 1 & 1 \end{pmatrix} \quad C = \begin{pmatrix} 5 & 0 & -1 \\ 2 & 1 & 2 \end{pmatrix}$$

   a) $3A + 2B$
   b) $C - A - B$
   c) $2B - 3C + A$

2. Hallar en cada caso la matriz B que verifica la igualdad indicada:

   a) $\begin{pmatrix} 1 & 9 & 3 \\ 3 & -1 & 5 \end{pmatrix} + B = \begin{pmatrix} 4 & 0 & 6 \\ 0 & 2 & 2 \end{pmatrix}$

   b) $2 \cdot \begin{pmatrix} -1 & 4 \\ -3 & -2 \end{pmatrix} - 3B = \begin{pmatrix} -5 & 5 \\ 0 & -1 \end{pmatrix}$

   c) $\begin{pmatrix} 2 & 4 \\ 1 & 0 \end{pmatrix} \cdot B = \begin{pmatrix} -2 & -4 \\ 1 & -2 \end{pmatrix}$

3. Obtener los siguientes productos de matrices:

   a) $\begin{pmatrix} 1 & 2 & 3 \\ 4 & 5 & 2 \end{pmatrix} \begin{pmatrix} 1 & 1 \\ 4 & -1 \\ 2 & 1 \end{pmatrix}$

   b) $\begin{pmatrix} 1 & 1 \\ 4 & -1 \\ 2 & 1 \end{pmatrix} \begin{pmatrix} 1 & 2 & 3 \\ 4 & 5 & 2 \end{pmatrix}$

   c) $(1 \quad 4 \quad -2 \quad 0) \begin{pmatrix} 2 \\ 0 \\ 1 \\ 0 \end{pmatrix}$

d) $\begin{pmatrix} 2 \\ 0 \\ 1 \\ 0 \end{pmatrix} \begin{pmatrix} 1 & 4 & -2 & 0 \end{pmatrix}$

4. Encontrar X tal que $X - B^2 = AB$, siendo:

$$A = \begin{pmatrix} 1 & 0 & 1 \\ 1 & 1 & 0 \\ 0 & 0 & 2 \end{pmatrix} \quad B = \begin{pmatrix} 1 & 0 & -1 \\ 1 & 1 & 1 \\ 0 & 0 & 1 \end{pmatrix}$$

5. Determinar los valores de m para los cuales
$$A = \begin{pmatrix} m & 0 \\ 0 & 2 \end{pmatrix}$$

    satisface $A^2 - \frac{5}{2}A + I_2 = 0$

6. Si
$$A = \begin{pmatrix} 1 & 0 \\ 0 & 1 \\ 1 & -1 \end{pmatrix} \qquad B = \begin{pmatrix} 1 & 0 & 2 \\ 0 & 1 & 1 \end{pmatrix}$$

    Calcular:
    a) $3A - 2B^T$
    b) $2A^T - 3B$
    c) $A^T B^T$
    d) $B^T A^T$
    e) $tr(AB)$
    f) $tr(BA)$
    g) $tr(AB)^T$, $tr(A^T B^T)$.

7. Sean A y B matrices 2×2.
    a) Comprobar que $tr(A + B) = tr\, A + tr\, B$.
    b) Demostrar que $tr\,(AB) = tr\,(BA)$.

c) Utilizando los resultados anteriores, demostrar que es imposible tener $AB - BA = I_2$, donde I_2 es la identidad de tamaño 2×2.

d) Encontrar dos matrices A y B para las que:
$$tr(AB) \neq tr\,A \cdot tr\,B$$

8. Identificar a qué tipo pertenecen las siguientes matrices.

$$A = \begin{pmatrix} 2 & 3 \\ 4 & 1 \end{pmatrix} \quad B = \begin{pmatrix} 0 & 0 \\ 0 & 0 \end{pmatrix} \quad C = \begin{pmatrix} 1 & 0 \\ 0 & 0 \end{pmatrix} \quad D = \begin{pmatrix} 0 & 1 \\ -1 & 0 \end{pmatrix}$$

$$D = \begin{pmatrix} 1 & 4 & 7 \\ 0 & 2 & 5 \\ 0 & 0 & 3 \end{pmatrix} \quad E = \begin{pmatrix} 2 & 0 & 0 \\ 0 & 5 & 0 \\ 0 & 0 & 7 \end{pmatrix} \quad F = \begin{pmatrix} 2 & -1 & 3 \\ -1 & 2 & 0 \\ 3 & 0 & 4 \end{pmatrix}$$

$$D = \begin{pmatrix} 1 & 0 & 1 \\ 0 & 0 & 0 \\ 1 & 0 & 1 \end{pmatrix} \quad E = \begin{pmatrix} 2 & 0 & 0 \\ 0 & 5 & 0 \\ 0 & 0 & 7 \end{pmatrix} \quad F = \begin{pmatrix} 2 & -1 & 3 \\ -1 & 2 & 0 \\ 3 & 0 & 4 \end{pmatrix}$$

9. Dar un ejemplo de matrices que cumplan las siguientes características:

a) Simétrica + Idempotente + Normal.

b) Antisimétrica + Ortogonal + Normal.

c) Simétrica + Involutiva + Normal.

d) Antisimétrica + Normal + No ortogonal.

e) Idempotente + Simétrica + Normal + No ortogonal.

Es común tener una gran cantidad de datos que es necesario procesar con eficiencia para la toma de decisiones. Dicha información suele almacenarse en bases de datos. Un modelo muy común es el de las bases de datos relacionales, en las que se reflejan las relaciones entre los distintos sectores de una empresa.

Dados conjuntos no vacíos A y B, definimos su producto cartesiano como:
$$A \times B = \{(a,b): a \in A, b \in B\}$$

Por ejemplo, si $A = \{1,2,3\}$ y $B = \{2,5,6\}$, entonces:
$$A \times B = \{(1,2),(1,5),(1,6),(2,2),(2,5),\\(2,6),(3,2),(3,5),(3,6)\}$$

Relaciones

Una relación puede entenderse como una correspondencia entre los elementos de dos conjuntos. De manera más formal,

dados dos conjuntos A y B, una relación entre A y B es un subconjunto R de $A \times B$. Abreviamos esto como:
$$R: A \to B$$
Por ejemplo, la siguiente tabla muestra qué asignaturas cursa cada uno de los siguientes estudiantes:

A	B
Juan	Circuitos
	Física
María	Circuitos
Héctor	Cálculo
Carlos	Álgebra
	Física

Esto se puede representar matemáticamente de diversas formas. Una de ellas es como un conjunto de parejas ordenadas:

$R = \{(Juan, Circuitos), (Juan, Física), (María, Circuitos),$
$(Héctor, Cálculo), (Carlos, Álgebra), (Carlos, Física)\}$

Otra representación sería como un diagrama sagital:

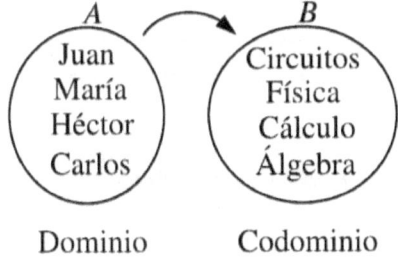

Dominio   Codominio

Sean A y B conjuntos, $B \neq \emptyset$ y $R: A \to B$ una relación entre ellos. Llamamos dominio de R al conjunto:
$$Dom\ R = \{x \in A : (x, y) \in R \text{ para alguna } y \in B\}$$
Y denominamos codominio de R al conjunto:
$$Cod\ R = \{y \in B : (x, y) \in R \text{ para alguna } x \in A\}$$
Del ejemplo de relación anterior tenemos:

$Dom\ R = \{Juan, María, Carlos, Héctor\}$

$Cod\ R = \{Circuitos, Física, Álgebra, Cálculo\}$

Si $R: A \to B$ es una relación y $(a, b) \in R$, es usual escribir aRb. Por ejemplo, con la relación definida anteriormente podríamos escribir $(Juan)\ R\ (Física)$.

Representación en el plano cartesiano

Sean $A = \{1,2,3,4,5,6,7\} = B$. Definamos la relación $R: A \to B$ como:

$$R = \{(1,4), (2,5), (3,2), (3,4), (4,5), (5,2)\}$$

Que tiene la representación cartesiana siguiente:

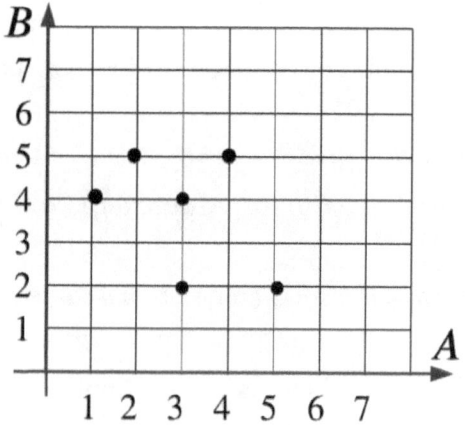

Representación mediante matrices

Si los conjuntos entre los cuales están definidas las relaciones son muy grandes, los diagramas pueden no resultar prácticos. Además, para poder almacenar relaciones en una computadora, necesitamos una forma algebraica de representación. Para ello se recurre a las denominadas matrices booleanas.

Sean $A = \{a_1, \ldots, a_m\}$ y $B = \{b_1, \ldots, b_n\}$ dos conjuntos y sea $R: A \to B$ una relación de A en B. Definimos la matriz booleana asociada a R, $M_R = (m_{ij})$, como:

$$m_{ij} = \begin{cases} 1 & \text{si } (a_i, b_j) \in R \\ 0 & \text{si } (a_i, b_j) \notin R \end{cases}$$

Ejemplo

Sean $A = \{1,3,4\}, B = \{x, y, z, t\}$. Definamos una relación de A en B como:

$$R = \{(1, x), (1, t), (3, x), (3, y), (3, z), (4, z)\}$$

Su diagrama sagital es:

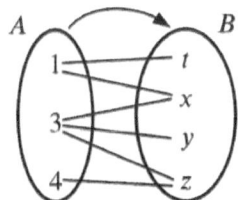

Y su matriz relacional será:

$$M_R = \begin{matrix} & \begin{matrix} t & x & y & z \end{matrix} \\ \begin{matrix} 1 \\ 3 \\ 4 \end{matrix} & \begin{pmatrix} 1 & 1 & 0 & 0 \\ 0 & 1 & 1 & 1 \\ 0 & 0 & 0 & 1 \end{pmatrix} \end{matrix}$$

Sean $A = (a_{ij})$, $B = (b_{ij})$ matrices booleanas de tamaño $m \times n$. La disyunción de A y B será:

$$C = A \vee B$$

donde:

$$c_{ij} = a_{ij} \vee b_{ij}$$

Ejemplo

$$A = \begin{pmatrix} 1 & 1 & 0 \\ 0 & 1 & 0 \end{pmatrix} \quad B = \begin{pmatrix} 0 & 0 & 1 \\ 0 & 1 & 1 \end{pmatrix}$$

$$A \vee B = \begin{pmatrix} 1 & 1 & 0 \\ 0 & 1 & 0 \end{pmatrix} \vee \begin{pmatrix} 0 & 0 & 1 \\ 0 & 1 & 1 \end{pmatrix} = \begin{pmatrix} 1 & 1 & 1 \\ 0 & 1 & 1 \end{pmatrix}$$

Sean $A = (a_{ij})$, $B = (b_{ij})$ matrices booleanas de tamaño $m \times n$.
La matriz conjunción de A y B será:
$$C = A \wedge B$$
donde:
$$c_{ij} = a_{ij} \wedge b_{ij}$$

Ejemplo

$$A = \begin{pmatrix} 1 & 1 & 0 \\ 0 & 1 & 0 \end{pmatrix} \qquad B = \begin{pmatrix} 0 & 0 & 1 \\ 0 & 1 & 1 \end{pmatrix}$$

$$A \wedge B = \begin{pmatrix} 1 & 1 & 0 \\ 0 & 1 & 0 \end{pmatrix} \wedge \begin{pmatrix} 0 & 0 & 1 \\ 0 & 1 & 1 \end{pmatrix} = \begin{pmatrix} 0 & 0 & 0 \\ 0 & 1 & 0 \end{pmatrix}$$

Ejercicios

1. Trazar los diagramas sagitales de los siguientes parejas ordenadas en el plano:

a)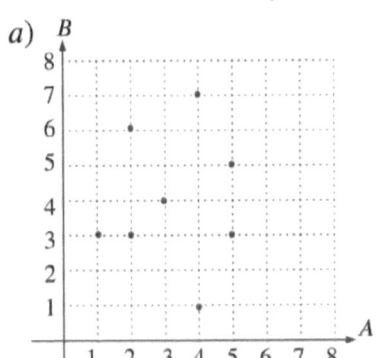

b)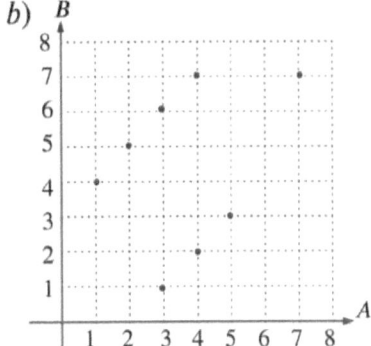

c)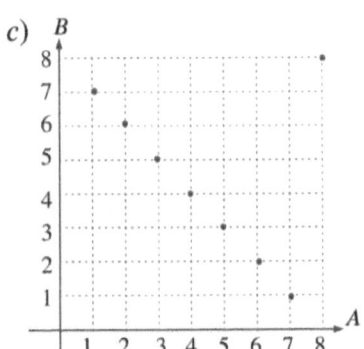

d)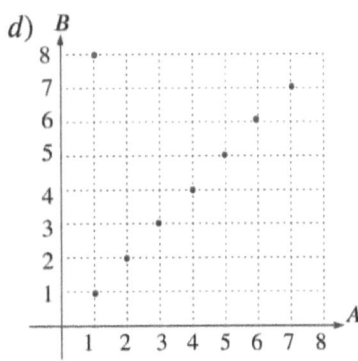

e)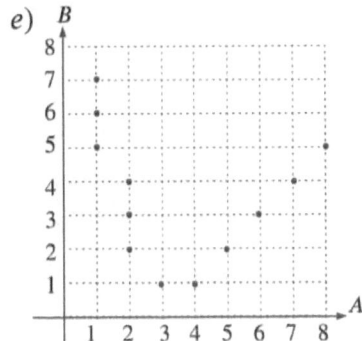

f)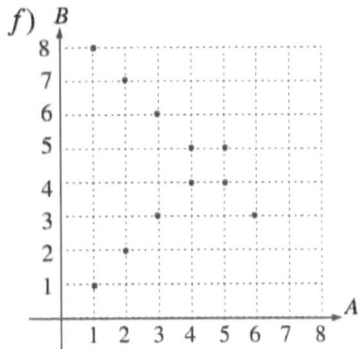

g) 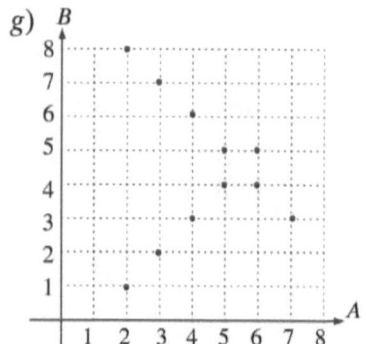   h)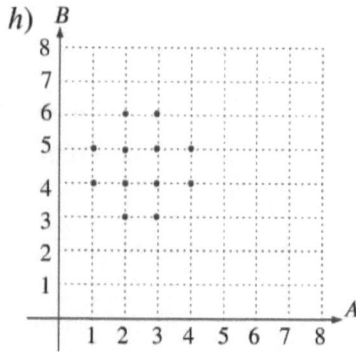

2. Dados los conjuntos $A = \{1,2,3,4\}$, $B = \{1,3,5\}$ y la relación
$$R: A \to B$$
definida por aRb si $a < b$. Describir el conjunto de la relación y trazar su diagrama sagital.

3. Considérese la relación:
$$R = \{(x,y) \in A \times A : x = y\}$$
Siendo $A = \{1,2,3,4\}$. Trazar su diagrama sagital y su matriz relacional.

4. Dado el conjunto $C = \{1,2,5\}$ y R definida en $C \times C$ por:
$$R = \{(x,y) : x + y > 4\}$$
Trazar su diagrama sagital y expresar su matriz relacional.

5. Dados los conjuntos $A = \{1,3,5\}$ y $B = \{2,3,6\}$, considerar las relaciones $R: A \to B$ tales que:
   a) $R = \{(a,b) \in A \times B : 2a = b\}$
   b) $R = \{(a,b) \in A \times B : a \text{ divide } a \, b\}$
   c) $R = \{(a,b) \in A \times B : a - b = -1\}$

Obtener en todos los casos el diagrama sagital, su matriz relacional, expresar en forma de conjunto.

6. Sea $A = \{1,2,3,4,5\}$. Dadas las relaciones definidas en $A \times A$:
$$R = \{(1,1),(2,2),(3,3),(4,4),(5,5),(1,3),(3,1)\}$$
$$S = \{(1,3),(2,4),(3,1),(3,5),(4,2),(5,3)\}$$
$$T = \{(1,4),(1,5),(2,1),(2,4),(4,3),(4,5)\}$$

$$U = \{(1,3), (1,5), (2,1), (2,4), (4,3), (4,5)\}$$

Bosquejar sus diagramas sagitales, sus representaciones en el plano cartesiano, y hallar sus respectivas matrices relacionales M_R, M_S, M_T, M_U. Con estas últimas calcular:

a) $(M_R \wedge M_S) \vee M_U$
b) $M_S \wedge (M_U \vee M_T)$
c) $M_U \cdot M_R \cdot M_T$
d) $[M_S \vee (M_T \cdot M_R)] \wedge M_U$

7. (Conectividad de una red de computadoras). Una empresa de ingeniería de software diseña una red de 5 computadoras. La conectividad directa entre cada ordenador está dada por la siguiente relación R:
    - La computadora 1 se conecta con 2 y 3.
    - La computadora 2 se conecta con 3 y 5.
    - La computadora 3 se conecta con 4.
    - La computadora 5 no se conecta con nadie.

    a) Representar esta relación mediante una matriz de adyascencia M_R.
    b) Calcular M_R^2 y explicar qué significa en el contexto del problema.
    c) Determinar si existe un camino de longitud 3 entre la computadora 1 y la computadora 5.

8. (Accesabilidad en un sistema de producción). En una planta industrial se modela el flujo de piezas entre estaciones de trabajo mediante la relación S:
    - La estación A envía piezas a B y C.
    - La estación B envía piezas a C y D.
    - La estación C envía piezas a D.

    a) Representar la relación S mediante una matriz relacional M_S.
    b) Calcular M_S^2 para determinar qué estaciones pueden alcanzarse en dos pasos de producción.

Las relaciones cumplen con ciertas propiedades que apoyan la gran importancia en aplicaciones computacionales y en el desarrollo de las matemáticas aplicadas. En el caso de las relaciones, existe un tipo llamado relaciones de equivalencia, que tienen muchas aplicaciones en la teoría de códigos, que se usa entre otras muchas cosas, para la codificación de transacciones vía internet.

Composición de relaciones

Sean A, B y C conjuntos y $R_1: A \to B$, $R_2: B \to C$ relaciones. Definimos la composición de R_1 con R_2 como:
$$R_1 \circ R_2: A \to C$$
$$R_1 \circ R_2 = \{(a,c): existe\ b \in B\ y\ (a,b) \in R_1\ y\ (b,c) \in R_2\}$$

Ejemplo

Consideremos las relaciones $R: A \to B$ y $S: B \to C$ donde $A = \{a,b\}$, $C = \{1,2,3\}$ y $B = \{x,y,z\}$ definidas de la siguiente manera:

$$R = \{(a,x), (a,z)(b,y), (b,z)\}$$
$$S = \{(x,2), (x,3), (y,1)\}$$

La composición de $S \circ R$ está dada por:

$$R \circ S = \{(a,2), (a,3), (b,1)\}$$

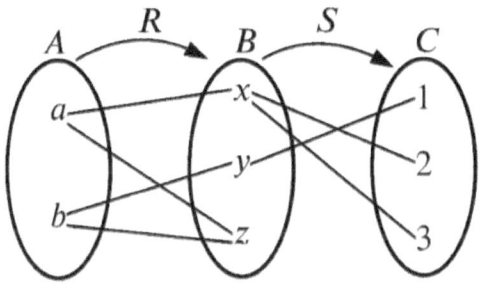

Cuando los conjuntos sobre los que se trabaja son grandes, lo más conveniente es utilizar la forma matricial para hallar la composición de relaciones. De hecho, se tiene el siguiente resultado:

$$M_{R \circ S} = M_R \cdot M_S$$

Relaciones de equivalencia

Sea $A \neq \emptyset$ un conjunto. Una relación R se llama binaria si $R: A \rightarrow A$. Decimos que una relación binaria R sobre un conjunto A es reflexiva cuando todo elemento de A está relacionado consigo mismo, es decir, si para todo $a \in A$, $(a,a) \in R$.

Ejemplo

Sobre $A = \{1,2,3,4\}$, definimos la siguiente relación reflexiva:

$$R = \{(1,1), (2,2), (3,1), (3,3), (4,3), (4,4)\}$$

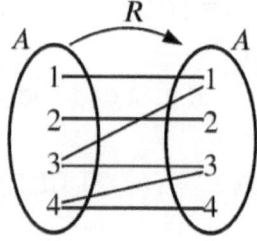

Una relación binaria R sobre un conjunto A se llamará simétrica si $(a, b) \in R$ implica $(b, a) \in R$.

Ejemplo

Sobre el conjunto $A = \{1,2,3,4\}$, definimos la siguiente relación simétrica:

$$R = \{(1,3), (2,4), (3,1), (4,2), (4,4)\}$$

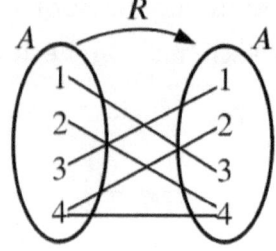

Una relación binaria R sobre un conjunto A se llamará transitiva si $(a, b), (b, c) \in R$ implica $(a, c) \in R$.

Ejemplo

Sobre el conjunto $A = \{1,2,3,4\}$ definimos la siguiente relación transitiva:

$$R = \{(1,1), (1,2), (2,1), (2,2), (3,3), (3,4), (4,3), (4,4)\}$$

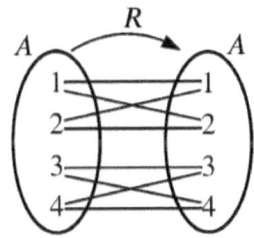

Una relación binaria R sobre un conjunto A se dirá de equivalencia si es simétrica, reflexiva y transitiva.

Ejemplo

En $A = \{1,2,3\}$ definamos $R: A \to A$ como sigue:
$$R = \{(1,1),(2,2),(3,3)\}$$
Entonces R es reflexiva, simétrica y transitiva, por lo que es de equivalencia.

Solución

Es reflexiva pues para cada $a \in A$, $(a,a) \in A$, es decir, aRa. Es simétrica pues todos los elementos de A son de la forma (a,a), por lo que al intercambiar el orden, quedan igual. Es transitiva por vacuidad, pues no se contradice que para $(a,b), (b,c) \in R$, no esté el elemento (a,c). Así R es una relación de equivalencia sobre A.

Ejemplo

Sobre el conjunto $A = \{1,2,3,4\}$, definimos la siguiente relación de equivalencia:

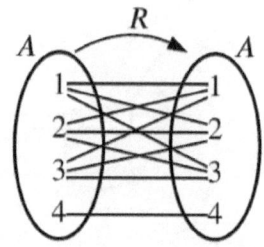

Ejemplo

Sean $A = \{1,2,3\}$ y $R: A \to A$ la relación binaria dada por:
$$R = \{(1,1), (1,2), (1,3), (2,3), (3,2)\}$$

Entonces R es una relación no reflexiva pues $(2,2) \notin R$. Tampoco es simétrica pues $(1,2) \in R$ pero $(2,1) \notin R$. Por último, R no es transitiva, pues $(2,3) \in R$ y $(3,2) \in R$, pero $(2,2) \notin R$.

Relaciones de orden

Sea R una relación binaria sobre un conjunto A. Decimos que R es antisimétrica si $(a,b), (b,a) \in R$ implica $a = b$. Un orden parcial es una relación binaria R definida en un conjunto A tal que es reflexiva, antisimétrica y transitiva.

Ejemplo

La relación en el conjunto de los números enteros $\mathbb{Z}$ dada por aRb si y sólo si $a \leq b$ es una relación de orden.

Solución

Es reflexiva pues para todo $a \in \mathbb{Z}$, $a \leq a$. Es antisimétrica pues si dos enteros a, b cumplen que $a \leq b$ y $b \leq a$, entonces $a = b$. Es transitiva pues si $a, b, c \in \mathbb{Z}$ cumplen que $a \leq b$ y $b \leq c$, entonces $a \leq c$.

Ejemplo

Sea X un conjunto y $Pot(X)$ su conjunto potencia. La relación binaria definida en $Pot(X)$ por $A \leq B$ si y sólo si $A \subseteq B$ es una relación de orden.

Solución

Sea X un conjunto y A uno de sus subconjuntos. Entonces $A \subseteq A$, por lo que $A \leq A$.

Si $A, B, C \subseteq X$ son tales que $A \subseteq B$ y $B \subseteq C$, entonces $A \subseteq C$, es decir, $A \leq C$, lo que quiere decir que la relación es transitiva.

Si $A, B \subseteq X$ son tales que $A \subseteq B$ y $B \subseteq A$, entonces $A = B$, lo que dice que la relación es antisimétrica.

Ejemplo

Sea $A = \{1,2,3,4\}$ y sea:
$$R = \{(a,b) \in A \times A : a \text{ divide a } b\}$$
Entonces:

$$R = \{(1,1), (1,2), (1,3), (1,4), (2,2), (2,4), (3,3), (4,4)\}$$

es una relación de orden sobre A.

Ejercicios

1. Sea $A = \{1, 2, 3, 4, 5\}$. Determinar las propiedades de las siguientes relaciones:
   a) $R = \{(1,1), (2,2), (3,3), (4,4), (5,5), (1,3), (3,1)\}$
   b) $R = \{(1,1), (2,2), (3,3), (4,4), (5,5),$
   $(1,3), (3,1), (3,4), (4,3)\}$
   c) $R = \{(1,1), (2,2), (3,3), (4,4)\}$
   d) $R = \{(1,1), (2,2), (3,3), (4,4), (5,5), (1,5),$
   $(5,1), (3,5), (5,3), (1,3), (3,1)\}$

2. Sea $A = \{1,2,3,4,5,6\}$.
   a) Definir una relación
   $$R: A \to A$$
   tal que $(6,5) \in R$ y $(1,5) \notin R$.
   b) Determinar si existe una relación de equivalencia
   $$R: A \to A$$
   tal que $(6,2), (2,3) \in R$ y $(3,6) \notin R$. Justificar.
   c) Determinar si existe en A una relación de orden R tal que $(6,2), (2,3), (3,6) \in R$. Justificar.
   d) Determinar si existe en A una relación de orden R tal que $(6,2) \in R$, $(2,3) \in R$ y $(3,6) \notin R$? Justificar.
   e) ¿Existe alguna relación de orden $R: A \to A$ que sea también de equivalencia?

3. Sea $A = \{1,2,3,4,5,6\}$. En $A \times A$ se definen las siguientes relaciones:
   $R_1 = \{(1,1), (2,2), (3,3), (4,4), (1,2), (1,3), (1,4), (2,3)\}$
   $R_2 = \{(1,1), (2,2), (1,2), (2,1), (3,3), (3,4), (4,3), (4,4)\}$
   Verificar que R_1 es una relación de orden y que R_2 es una relación de equivalencia. Además, mediante sus matrices relacionales calcular $R_1 \circ R_2$ y $R_2 \circ R_1$.

4. Estudiar las propiedades de las siguientes relaciones:
   a) Si $A = \{1,2,3,4,5\}$, la relación S definida en $A \times A$ por aSb si y sólo si $a \leq b$.
   b) Si $A = \{1,2,3,4,5\}$ la relación T definida en $A \times A$ por:
   $$T = \{(1,2), (1,4), (1,5), (2,2), (2,4),$$
   $$(2,5), (4,2), (4,4), (4,5)\}$$
   c) En $\mathbb{N}$ la relación R definida por aRb si y sólo si:
   $$a - b = 3k$$
   para algún $k \in \mathbb{Z}$.

   d) Sea S el conjunto de los seres humanos y sean x e y dos seres humanos. Decimos que x está relacionado con y si x e y son hermanos. Probar que esta relación es de equivalencia.

5. Dibujar el diagrama sagital y la representación cartesiana de las siguientes matrices relacionales. Averiguar qué propiedades cumplen dichas relaciones.

   a) $M_R = \begin{pmatrix} 1 & 1 & 1 \\ 1 & 1 & 1 \\ 1 & 1 & 1 \end{pmatrix}$ b) $M_R = \begin{pmatrix} 1 & 1 & 1 \\ 1 & 1 & 1 \\ 1 & 1 & 1 \end{pmatrix}$

   c) $M_R = \begin{pmatrix} 1 & 1 & 0 & 0 \\ 0 & 1 & 1 & 0 \\ 0 & 0 & 1 & 1 \\ 0 & 0 & 0 & 1 \end{pmatrix}$ d) $M_R = \begin{pmatrix} 1 & 1 & 1 & 1 \\ 0 & 0 & 0 & 1 \\ 0 & 0 & 0 & 1 \\ 0 & 0 & 0 & 1 \end{pmatrix}$

   e) $M_R = \begin{pmatrix} 1 & 0 & 0 & 0 & 1 \\ 0 & 1 & 0 & 1 & 0 \\ 0 & 0 & 1 & 0 & 0 \\ 0 & 1 & 0 & 1 & 0 \\ 1 & 0 & 0 & 0 & 1 \end{pmatrix}$ f) $M_R = \begin{pmatrix} 0 & 1 & 0 & 1 & 0 \\ 0 & 1 & 0 & 1 & 0 \\ 0 & 1 & 1 & 1 & 0 \\ 0 & 1 & 0 & 1 & 0 \\ 0 & 1 & 0 & 1 & 0 \end{pmatrix}$

g) $M_R = \begin{pmatrix} 1 & 0 & 1 & 1 & 0 & 1 \\ 0 & 0 & 1 & 1 & 0 & 0 \\ 0 & 0 & 1 & 1 & 0 & 0 \\ 0 & 0 & 1 & 1 & 0 & 0 \\ 0 & 0 & 1 & 1 & 0 & 0 \\ 1 & 0 & 1 & 1 & 0 & 1 \end{pmatrix}$
h) $M_R = \begin{pmatrix} 1 & 0 & 0 & 0 & 0 & 1 \\ 0 & 1 & 0 & 0 & 1 & 0 \\ 0 & 0 & 1 & 1 & 0 & 0 \\ 0 & 0 & 1 & 1 & 0 & 0 \\ 0 & 1 & 0 & 0 & 1 & 0 \\ 1 & 0 & 0 & 0 & 0 & 1 \end{pmatrix}$

6. Sean $A = \{-3,1,2\}$, $B = \{-2,0,2,4\}$. Se define la relación
$$R: A \to B$$
de tal forma que aRb si y sólo si $a \leq b$. Trazar R en el plano cartesiano su diagrama sagital. ¿Es R una relación de equivalencia? ¿Es relación de orden?

7. Obtener las matrices de las siguientes relaciones representadas como conjuntos de puntos en el plano cartesiano:

a)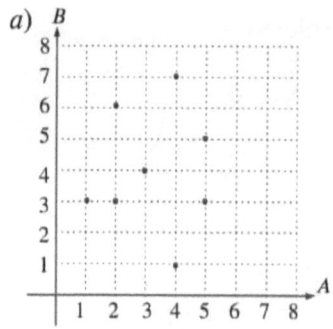

b)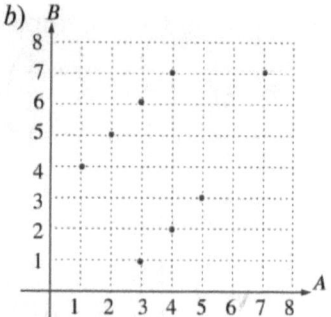

c)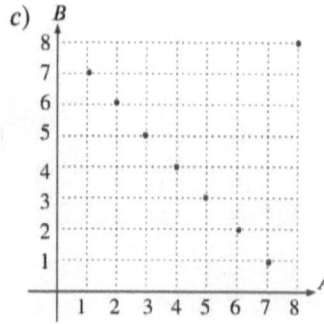

d)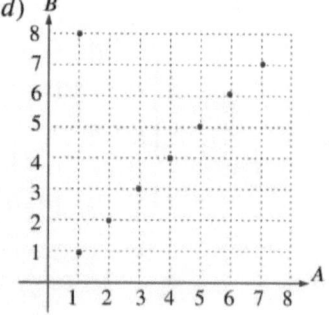

e)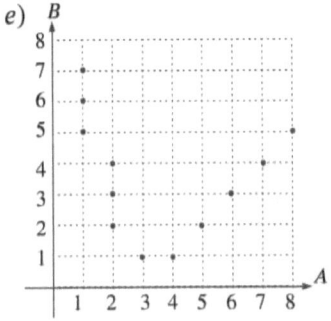

f)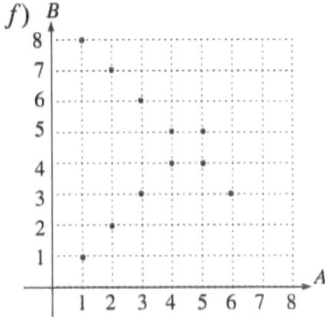

g)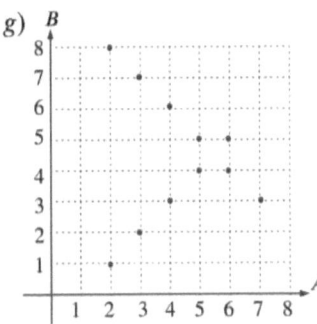

h)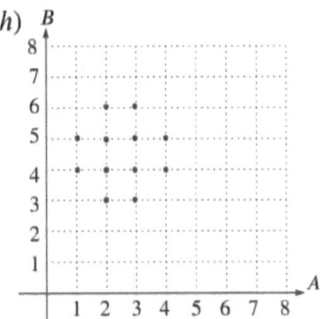

8. En un laboratorio se están analizando las propiedades de resistencia de distintos tipos de un material. Se define la relación R sobre el conjunto $M = \{A_1, A_2, A_3, A_4, A_5, A_6\}$. La relación se establece de la siguiente manera: $(x, y) \in R$ si y sólo si los lotes x e y tienen la misma resistencia (en mega pascales). Los ensayos de laboratorio dan los siguientes resultados:
   - $A_1 = 420\ MPa.$
   - $A_2 = 500\ MPa.$
   - $A_3 = 420\ MPa.$
   - $A_4 = 600\ MPa.$
   - $A_5 = 500\ MPa.$
   - $A_6 = 420\ MPa.$

   a) Verificar que la relación R es una relación de equivalencia.
   b) Determinar las clases de equivalencia de R.

c) Interpretar el resultado en términos de la clasificación del material. ¿Cuántos tipos distintos del mismo pueden agruparse en el conjunto M?

Funciones Discretas

El concepto de función es fundamental en toda la matemática. Se suele confundir dicho término con el de ecuación o incluso, con el de fórmula, pero no toda fórmula ni toda ecuación es una función, y viceversa. Una función es un tipo de relación que cumple lo siguiente:

Sean A y B conjuntos, B no vacío. Una función $f: A \to B$ es una regla de asociación tal que a cada elemento de A le asigna uno y sólo uno de B. La siguiente definición de función es equivalente a la anterior:

Sean A y B conjuntos, B no vacío. Una función $f: A \to B$ es un subconjunto de $A \times B$ tal que si $(a,b), (a,c) \in f$, entonces $b = c$.

Ejemplo

Sea $A = \{1,2,3,4,5,6,7\} = B$. Definimos una función f de A a B como sigue:
$$f(x) = \{(1,4), (2,5), (3,2), (4,5), (5,5), (6,1), (7,7)\}$$

Su representación en forma de diagrama sagital es la siguiente:

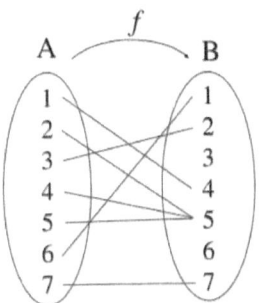

Y su representación en el plano cartesiano es la siguiente:

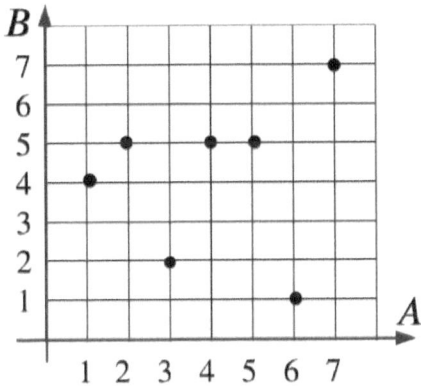

Existe una cantidad infinita de diferentes posibilidades para formar funciones. De hecho, prácticamente cada área de la matemática define un tipo específico de función con la que se trabaja y desarrolla toda una teoría.

Ejemplos

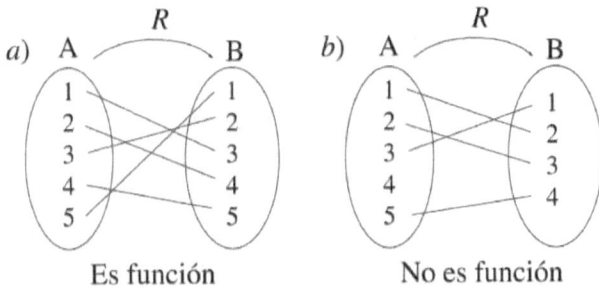

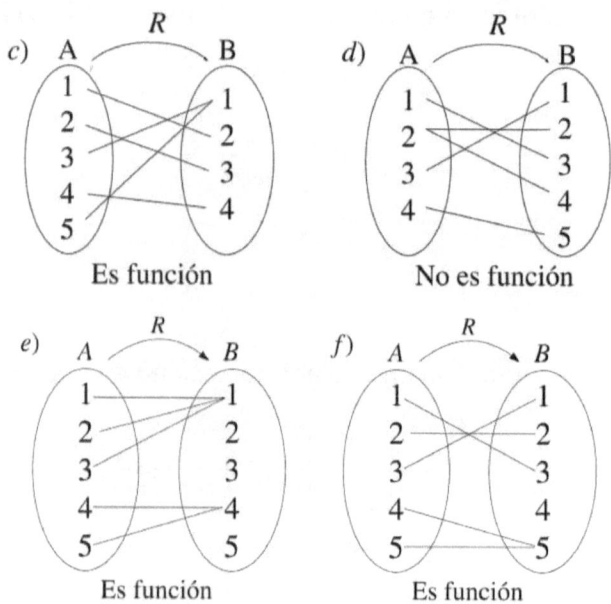

Tipos de funciones

Sea $f: A \to B$ una función. Decimos que f es inyectiva si dados $a, b \in A$, $(a \neq b)$ implica $f(a) \neq f(b)$.

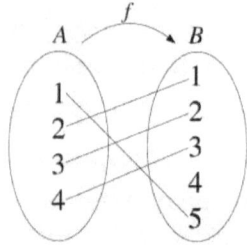

Decimos que f es suprayectiva si para todo $b \in B$ existe $a \in A$ tal que $f(a) = b$.

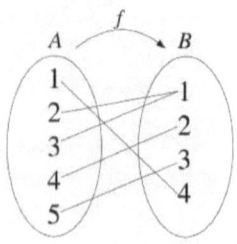

Una función $f(x)$ se dice biyectiva si es inyectiva y suprayectiva a la vez.

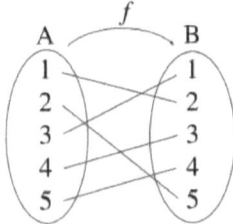

Conjuntos infinitos

Sea A un conjunto. Decimos que A es infinito si existe una función inyectiva $f: \mathbb{N} \to A$.

Ejemplo

Sea $A = \{1, 2, 4, 8, 16, \dots\}$ el conjunto de potencias de 2. La función $f(n) = 2^{n-1}$ es claramente una inyección entre a $\mathbb{N}$ y A.

Conjuntos finitos

Sea n un número natural. Definimos el segmento inicial de n como:
$$[n] = \{0, 1, 2, \dots, n-1\}$$
Un conjunto A se dice finito si existe $n \in \mathbb{N}$ y una función biyectiva $f: A \to [n]$. Dicho de otra manera, un conjunto A es finito si $|A| = n$ para algún $n \in \mathbb{N}$.

Ejemplo

El conjunto $A = \{a, b, c, d, e\}$ es finito pues se puede establecer la siguiente biyección entre A y $[5]$:
$$a \mapsto 0, b \mapsto 1, c \mapsto 2, d \mapsto 3, e \mapsto 4$$

Ejercicios

1. Determinar cuáles de los siguientes conjuntos de parejas ordenadas representan funciones.

a)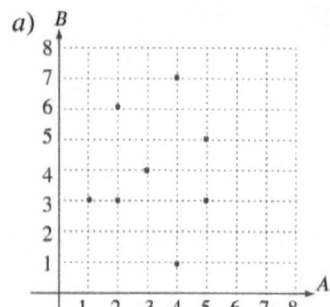

b)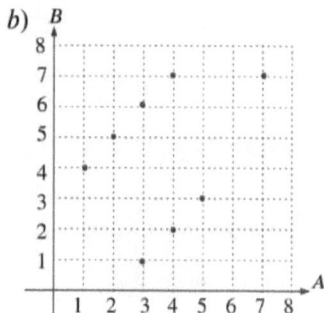

c)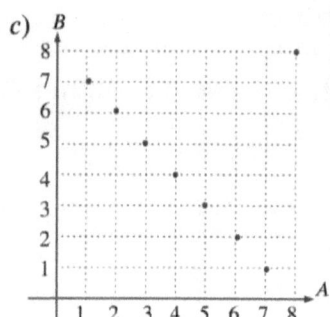

d)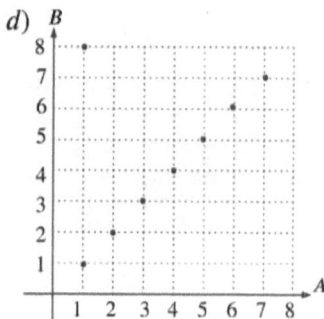

e)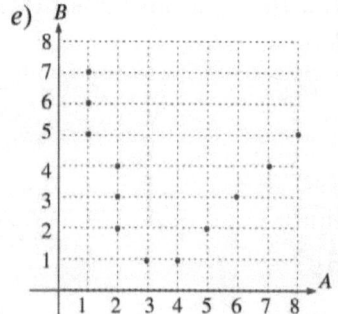

f)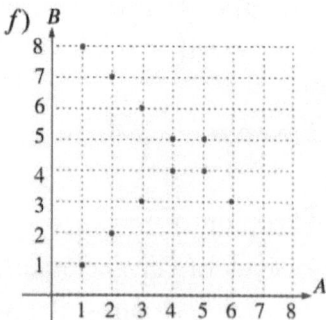

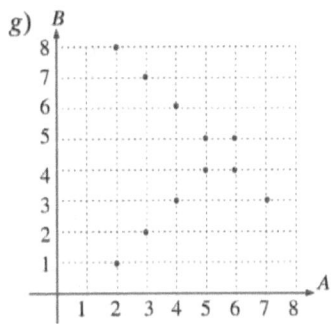
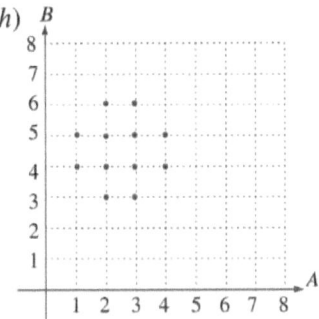

2. Sean $A = \{1,2,3,4,5\}$ y $B = \{a,b,c,d,e\}$. Considérense los siguientes subconjuntos $A \times B$:
   a) $f = \{(1,b),(3,a),(4,d),(5,c)\}$
   b) $f = \{(1,c),(2,a),(3,e),(4,d),(5,c)\}$
   c) $f = \{(1,b),(2,a),(3,a),(3,e),(4,d),(5,e)\}$
   d) $f = \{(2,d),(3,b),(4,b),(5,d)\}$

   Trazar sus diagramas sagitales.

3. De los siguientes diagramas sagitales obtener sus conjuntos de parejas ordenadas, así como su representación en el plano cartesiano. Determinar cuáles representan funciones.

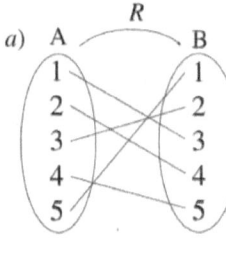
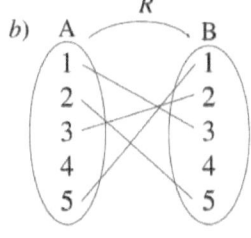
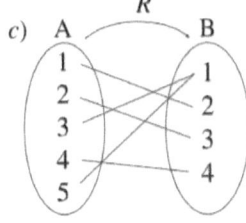
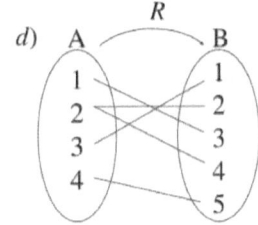

e) 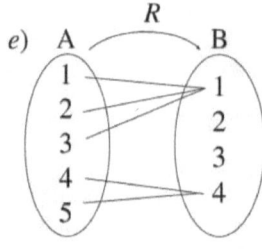   f)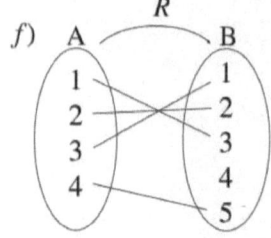

4. Sean A = {1,2,3} y B = {4, 5,6}. Dadas las relaciones de A en B. Determinar cuáles son funciones.
   a) $R = \{(1,4),(2,5),(3,6)\}$
   b) $R = \{(1,4),(2,4),(3,4)\}$
   c) $R = \{(1,4),(1,5),(1,6),(2,4),(3,6)\}$
   d) $R = \{(1,5),(2,4),(1,6),(2,6)\}$
   e) $R = \{(1,6),(2,4),(3,6)\}$

5. Sean $A = \{v, w, x, y, z\}$ y $B = \{a, b, c, d, e\}$. Determinar si las siguientes funciones $f: A \to B$ son inyectivas, suprayectivas, o ninguna de las dos:
   a) $f = \{(w, c), (x, a), (v, b), (y, c), (z, c)\}$
   b) $f = \{(w, d), (v, a), (x, c), (y, b), (z, c)\}$
   c) $f = \{(v, c), (w, d), (x, a), (y, d), (z, a)\}$
   d) $f = \{(v, d), (w, e), (x, a), (y, c), (z, b)\}$

6. Sean $A = \{x \in \mathbb{Z} : |x| \leq 2\}$, $B = \{x \in \mathbb{N} : x \leq 6\}$, y la relación
$$R: A \to B$$
$$x \mapsto x^2 + 2$$
Trazar el diagrama sagital de R y determinar si es función o no.

7. Elaborar una tabla de valores para las siguientes funciones, donde existan 5 valores para el dominio. Construir su diagrama sagital.
   a) $f(x) = 2x + 1$
   b) $f(x) = 3x + 2$
   c) $f(x) = \frac{1}{2}x + 1$

d) $f(x) = -2x + 1$

e) $f(x) = -\frac{1}{3}x^2 + 2$

8. Sean $A = \{1, 3, 5, 7, 9\}$ y $B = \{2, 4, 6, 8, 10\}$. Hallar:

    a) $A \times B$

    b) $R = \{(a, b) \in A \times B : b = a + 3\}$

    c) El dominio y el recorrido de R

9. Sea $R : \mathbb{N} \to \mathbb{N}$, $R = \{(x, y) \in \mathbb{N} \times \mathbb{N} : y = 8x\}$

    a) Determinar R por extensión.

    b) Representar R en el mapa cartesiano.

    c) Representar R en un diagrama sagital.

10. (Costo de almacenamiento en servidores). Una empresa administra un centro de datos que cobra a sus clientes según la cantidad de terabytes almacenados por mes. La función de costos está dada por:

$$f(n) = \begin{cases} 100 \text{ si } 0 < n \leq 2 \\ 200 \text{ si } 2 < n \leq 4 \\ 300 \text{ si } 4 < n \leq 6 \\ 400 \text{ si } 6 < n \leq 8 \end{cases}$$

Donde $f(n)$ representa el costo en dólares y n es el número de terabytes almacenados.

    a) ¿Cuánto paga un cliente que almacena $5\ TB$?

    b) Si un cliente paga 200 dólares, ¿cuántos TB está almacenando?

Sucesiones Aritméticas y Geométricas

En las ciencias de la computación a menudo es necesario generar valores numéricos que sigan un determinado patrón. Para ello se requiere de una fórmula que proporciones dichos valores.

Esto se puede llevar a cabo mediante el concepto de sucesión. Una sucesión es una función $s: \mathbb{N} \to \mathbb{R}$, es decir, una función que toma números naturales y devuelve números reales.

Cuando se trabaja con sucesiones es común escribir s_n en lugar de $s(n)$. También se utiliza la notación $\{s_n\}_{n=1}^{\infty}$ para denotar a una sucesión infinita. Otra práctica común es referirse a una sucesión mediante su término general. En ocasiones será conveniente describir a las sucesiones en forma de conjuntos extensivos:

$$P = \{0,2,4,6,\dots\}$$
$$I = \{1,3,5,7,\dots\}$$
$$T = \{0,3,6,9,\dots\}$$

Sucesiones aritméticas

Una sucesión $\{s_n\}_{n=1}^{\infty}$ se dice aritmética si existen $a, d \in \mathbb{R}$ tales que su término general es de la forma:

$$s_n = a + d(n-1)$$

Llamamos a a el término inicial y a d la diferencia común. Si una sucesión $\{s_n\}_{n=1}^{\infty}$ es aritmética, cumplirá lo siguiente:

$$\begin{aligned} s_n - s_{n-1} &= [a + d(n-1)] - [a + d(n-2)] \\ &= a + d(n-1) - a - d(n-2) \\ &= nd - d - nd + 2d = d \end{aligned}$$

Por lo que para conocer la diferencia común de una sucesión artimética, bastará con restarle a un término el inmediato anterior.

Ejemplo

Calcular la diferencia común de la siguiente sucesión aritmética:
$$\{23, 30, 37, 44, \dots\}$$
Solución

Haciendo $s_1 = 23, s_2 = 30, s_3 = 37, s_4 = 44$, tenemos:

$$\begin{aligned} s_2 - s_1 &= 30 - 23 = 7 \\ s_3 - s_2 &= 37 - 30 = 7 \\ s_4 - s_3 &= 44 - 37 = 7 \end{aligned}$$

Por tanto, podemos conocer el término general de una sucesión aritmética si conocemos dos términos consecutivos de la misma.

Ejemplo

Calcular los términos s_4 y s_5 de la sucesión aritmética $\{3, 8, 13, \dots\}$

Solución

Tenemos que $d = 8 - 3 = 5 = 13 - 8$, y que $a = 3$. Recordando que el término general de una sucesión aritmética es:

$$s_n = a + d(n-1)$$

Nuestra sucesión estará determinada por:
$$s_n = 3 + 5 \cdot (n-1)$$
Entonces:
$$s_4 = 3 + 5 \cdot (4-1) = 3 + 5 \cdot (3) = 18$$
$$s_5 = 3 + 5 \cdot (5-1) = 3 + 5 \cdot (4) = 23$$

Si queremos calcular la suma de los primeros n términos de una sucesión aritmética $\{s_n\}_{n=1}^{\infty}$, lo podemos hacer de la siguiente forma:

$$s_1 = a$$
$$s_2 = a + d$$
$$s_3 = a + 2d$$
$$\vdots$$
$$s_n = a + (n-1)d$$

Sumando todos estos términos obtenemos:
$$s_1 + \cdots + s_n = na + d + 2d + \cdots + (n-1)d$$
$$= na + [1 + 2 + \cdots + (n-1)]d$$

Haciendo uso de la identidad:
$$1 + 2 + \cdots + k = \frac{k(k+1)}{2}$$

Nos queda:
$$na + [1 + 2 + \cdots + (n-1)]d = na + \frac{(n-1)n}{2} \cdot d$$
$$= n \cdot \left[a + \frac{(n-1)}{2} \cdot d\right] = n \cdot \left[\frac{2a + (n-1)d}{2}\right]$$

$$= n \cdot \left[\frac{a + a + (n-1)d}{2}\right] = n \cdot \left[\frac{s_1 + s_n}{2}\right]$$

De donde:
$$s_1 + \cdots + s_n = \frac{n}{2} \cdot (s_1 + s_n)$$

Ejemplo

Hallar la suma de los primeros 9 términos de la sucesión aritmética $\{5, 11, 17, 23 \ldots\}$.

Solución

De acuerdo a los datos que tenemos, sabemos que $a = 5$, $d = 6$. Por tanto:
$$s_9 = 5 + (9-1) \cdot 6 = 5 + 8 \cdot 6 = 53$$

Finalmente:
$$s_1 + \cdots + s_9 = \frac{9}{2}(s_1 + s_9) = \frac{9}{2}(5 + 53) = \frac{9}{2}(58) = 261$$

Sucesiones geométricas

Una sucesión $\{s_n\}_{n=1}^{\infty}$ se dice geométrica si existen $g, r \in \mathbb{R}$ tales que su término general es de la forma:
$$s_n = g \cdot r^{n-1}$$

Llamamos a g el término inicial y a r la razón común. Si una sucesión $\{s_n\}_{n=1}^{\infty}$ es geométrica, al dividir un término entre el anterior tenemos:
$$\frac{s_n}{s_{n-1}} = \frac{g \cdot r^{n-1}}{g \cdot r^{n-2}} = r^{(n-1)-(n-2)} = r^{n-1-n+2} = r^1 = r$$

Por lo que para conocer la razón común de una sucesión geométrica, bastará con dividir un término entre el anterior.

Ejemplo

Calcular la razón común de la sucesión geométrica $\{2, 10, 50, 250, \dots\}$.

Solución

Haciendo $s_1 = 2, s_2 = 10, s_3 = 50, s_4 = 250$, tenemos:
$$\frac{s_2}{s_1} = \frac{s_3}{s_2} = \frac{s_4}{s_3} = 5$$

Entonces la razón común es $r = 5$.

Si conocemos al menos tres términos consecutivos de una sucesión geométrica, es posible conocer el término general de la misma.

Ejemplo

Calcular los términos s_6 y s_7 de la sucesión geométrica $\{1, 7, 49 \dots\}$.

Solución

Sabemos que $g = s_1 = 1$. Además:
$$r = \frac{s_2}{s_1} = \frac{s_3}{s_2} = 7$$
Por tanto:
$$s_6 = g \cdot r^{6-1} = g \cdot r^5 = 1 \cdot 7^5 = 16{,}807$$

$$s_7 = g \cdot r^{7-1} = g \cdot r^6 = 1 \cdot 7^6 = 117{,}649$$

Si queremos calcular la suma de los primeros n términos de una sucesión geométrica $\{s_n\}_{n=1}^{\infty}$, lo podemos hacer de la siguiente forma:

$$s_1 = g$$
$$s_2 = g \cdot r$$
$$\vdots$$
$$s_n = g \cdot r^{n-1}$$

Sumando todos estos términos, obtenemos:

$$s_1 + \cdots + s_n = g + g \cdot r + \cdots + g \cdot r^{n-1}$$
$$= g \cdot (1 + r + \cdots + r^{n-1})$$

Haciendo uso de la identidad:

$$1 + r + \cdots + r^{n-1} = \frac{r^n - 1}{r - 1}$$

Nos queda:

$$s_1 + \cdots + s_n = g \cdot \frac{r^n - 1}{r - 1}$$

Ejemplo

Hallar la suma de los primeros 6 términos de la sucesión $\{1, 2, 4, 8 \ldots\}$.

Solución

Tenemos que $a = s_1 = 1$ y que:

$$r = \frac{s_2}{s_1} = \frac{s_3}{s_2} = 2$$

Entonces:

$$s_1 + \cdots + s_6 = 1 \cdot \frac{2^6 - 1}{2 - 1} = \frac{64 - 1}{1} = 63$$

Ejercicios

1. Hallar los cinco primeros términos de la sucesión
$$s_n = \left(\frac{n-1}{n}\right)^2$$

2. Comprobar si 19, 50, 333 y 514 son términos de la sucesión de término general
$$s_n = 2n + 3$$

3. Calcular la diferencia simétrica de las siguientes sucesiones aritméticas:
   a) 11, 13, 15, 17, ...
   b) 11, 16, 21, 26 ...

4. Encontrar el término s_{10} de cada una de las siguientes sucesiones aritméticas:
   a) 8, 14, 20, 26, ...
   b) 4, 10, 16, 22, ...
   c) 8, 5, 2, −1, ...

5. Hallar el término s_{11} de cada sucesión artimética, a partir de los datos proporcionados:
   a) $s_1 = 3, d = 6$
   b) $s_1 = 6, d = -3$
   c) $s_4 = 28, s_6 = 34$
   d) $s_1 = 5, s_{10} = 14$

6. Determinar la suma de los 10 primeros términos de las siguientes sucesiones aritméticas:
   a) 12, 15, 18, ...
   b) 3, 10, 17, ...

7. Decidir cuáles de las siguientes sucesiones son geométricas:
   a) 6, 12, 36, 72, 216, ...
   b) 2, 4/3, 8/9, 16/27, ...
   c) 4, 8, 12, 16, ...

8. Encontrar los términos noveno y décimo de una sucesión geométrica tal que:
   a) $s_1 = 2$ y $s_2 = 5$
   b) $s_5 = 9$ y $r = 3$
   c) $s_1 = 1/2$ y $s_4 = 8$
9. Hallar la suma de los ocho primeros términos de una sucesión geométrica tal que su primer término es 1 y su razón común es 5.
10. Calcular la suma de los siete primeros términos de la sucesión geométrica $\{3, 9, 27, 81, 243, \dots\}$.
11. (Diseño de iluminación eléctrica). Un ingeniero está diseñando un sistema de iluminación en un túnel. Las lámparas se colocan siguiendo una sucesión aritmética:
    - La primera lámpara está a $10\ m$ de la entrada.
    - La segunda a $10\ m$.
    - La tercera a $26\ m$.
    - Y así sucesivamente.
    a) ¿A qué distnacia de la entrada se colocará la décima lámpara?
    b) ¿Cuántas lámparas se necesitan para iluminar un túnes de $300\ m$?

La potencia luminosa (en lúmenes) de cada lámpara sigue una sucesión geométrica porque cada lámpara emite un 20% más de potencia que la anterior, para compensar la pérdida de intensidad por la distancia. La primera lámpara tiene 1000 lúmenes.

   c) ¿Cuál será la potencia luminosa de la quinta lámpara?
   d) ¿Cuál será la potencia total emitida por las primeras 6 lámparas?

Cuando se transfiere información a través de la red es necesario encriptarla antes mediante algoritmos. Posteriormente, esa información habrá que decodificarse para poder ser interpretada por los humanos. Una de las herramientas que estos procedimientos requieren es la generación de números pseudo aleatorios o simplemente, números aleatorios. Un número pseudoaleatorio es el que se obtiene como imagen de una función que, de acuerdo a ciertos criterios, puede considerarse aleatoria. En realidad no es posible generar números realmente aleatorios mediante herramientas matemáticas, pero para fines prácticos se les puede considerar como tales. Dichos números constituyen una parte muy importante en la simulación de procesos estocásticos y se les suele usar para emular el comportamiento de variables aleatorias tanto discretas como continuas.

Congruencias

Sean a, b y m enteros. Decimos que a divide a b si existe $c \in \mathbb{Z}$ tal que $b = ac$. Denotamos esto como $a|b$. Decimos que a es congruente con b módulo m si $m|(a-b)$, en cuyo caso se denota como $a \equiv b \,(mod\, m)$, y su negación como $a \not\equiv b \,(mod\, m)$.

Ejemplos

$$14 \equiv 2 \,(mod\, 12) \qquad 4 \equiv 19 \,(mod\, 5)$$
$$13 \equiv -2 \,(mod\, 3) \qquad 7 \not\equiv 4 \,(mod\, 5)$$

Cada entero m determina una relación binaria sobre el conjunto de los enteros llamada la congruencia módulo m. Dicha relación binaria satisface:
a) Cualquiera que sea $m \in Z$, la relación $a \equiv b \,(mod\, m)$ equivale a la relación $a \equiv b \,(mod\, -m)$, es decir, las congruencias módulo m y módulo $-m$ son idénticas.
b) La relación $a \equiv b \,(mod\, 1)$ es válida para cualesquiera enteros a y b.

De la definición de congruencia se deriva el siguiente criterio para decidir si dos enteros son congruentes módulo un entero $m \neq 0$: Sean a y b enteros y sea $r_m(a-b)$ el residuo de dividir $(a-b)$ entre m. Luego:
- Si $r_m(a-b) = 0$, entonces $a \equiv b \,(mod\, m)$.
- Si $r_m(a-b) \neq 0$, entonces $a \not\equiv b \,(mod\, m)$.

Dados a, b, c, m enteros ($m > 1$), se cumplen las siguientes propiedades:
a) Cualquiera que sea a entero, $a \equiv a \,(mod\, m)$.
b) Si $a \equiv b \,(mod\, m)$, entonces $b \equiv a \,(mod\, m)$.
c) Si $a \equiv b \,(mod\, m)$ y $b \equiv c \,(mod\, m)$, entonces $a \equiv c \,(mod\, m)$.

De lo anterior puede verse que para cada entero $m > 1$ la congruencia módulo m es una relación de equivalencia en el conjunto de los enteros.

Aritmética de las congruencias

A continuación establecemos el comportamiento de la relación de congruencia módulo un entero m a las operaciones de adición y multiplicación:

Sean $a, b, c, d, m \in \mathbb{Z}$ ($m > 1$) tales que $a \equiv b \pmod{m}$ y $c \equiv d \pmod{m}$. Se cumplen las siguientes relaciones:
a) $a + c \equiv b + d \pmod{m}$.
b) $-a \equiv -b \pmod{m}$.
c) $a \cdot b \equiv c \cdot d \pmod{m}$.
d) $na \equiv nb \pmod{m}$ y $a^n \equiv b^n \pmod{m}$ para cualquier n natural.

Entre algunas de las aplicaciones computacionales de las congruencias, está la de identificar algunas propiedades que se dan cuando se opera con números enteros.

Ejemplo

Encontrar el último dígito de $2^{16} + 7$ sin realizar la operación.

Solución

Cuando se divie un entero entre 10, el residuo siempre es la última cifra de dicho número. Así, podemos aproximar $2^{16} + 7$ de la siguiente manera:

$$2 \equiv 2 \pmod{10}$$
$$2^4 = 16 \equiv 6 \pmod{10}$$
$$(2^4)^2 \equiv 6^2 \pmod{10}$$

$$2^8 \equiv 36 \ (mod \ 10)$$
$$2^8 \equiv 6 \ (mod \ 10)$$
$$(2^8)^2 \equiv 6^2 \ (mod \ 10)$$
$$2^{16} \equiv 36 \ (mod \ 10)$$
$$2^{16} \equiv 6 \ (mod \ 10)$$

تambíen tenemos que:
$$7 \equiv 7 \ (mod \ 10)$$
Sumando las dos últimas relaciones obtenemos:
$$2^{16} + 7 \equiv 6 + 7 \ (mod \ 10)$$
$$2^{16} + 7 \equiv 13 \ (mod \ 10)$$
$$2^{16} + 7 \equiv 3 \ (mod \ 10)$$
Por tanto, el último dígito de $2^{16} + 7$ es 3.

Algunos criterios de divisibilidad

Es de todos conocido que un número es múltiplo de 2 cuando su última cifra es par, o que es múltiplo de 5 cuando su última cifra es 0 ó 5. Vamos a ver criterios para saber si un número es múltiplo de 9 y de 11. Para ello notemos que si m de dígitos $a_n, a_{n-1}, \ldots, a_1, a_0$ es un número natural expresado en base 10, entonces puede escribirse como:
$$m = a_0 + 10 \cdot a_1 + 10^2 \cdot a_2 + \cdots + 10^n \cdot a_n$$

En otras palabras, a_0 es la cifra de las unidades, a_1 la de las decenas, a_2 la de las centenas y así sucesivamente.

Criterio de divisibilidad entre 9

Observemos que:
$$10^k = 9 \cdots 9 + 1$$
Luego:
$$10^k \equiv 1 \ (mod \ 9)$$

Recordando la notación desarrollada de un entero m en base 10, tenemos que:
$$m = a_0 + 10 \cdot a_1 + 10^2 \cdot a_2 + \cdots + 10^n \cdot a_n$$
$$= a_0 + (9+1) \cdot a_1 + (99+1) \cdot a_2 + \cdots + (9\cdots 9 + 1) \cdot a_n$$
$$= a_0 + 9a_1 + a_1 + 99a_2 + a_2 \cdots + 9 \cdots 9a_n + a_n$$
$$= a_0 + a_1 + \cdots + a_n + 9a_1 + 99a_2 + \cdots + 9 \cdots 9a_n$$
Por lo que:
$$m \equiv a_0 + a_1 + a_2 + \cdots + a_n \ (mod\ 9)$$

es decir, todo número cuya suma de sus dígitos es congruente con 0 módulo 9, es múltiplo de 9.

Criterio de divisibilidad entre 11

Observemos que $10 \equiv -1 \ (mod\ 11)$, por lo que todas las demás potencias de 10 repetirán cíclicamente los residuos -1 y 1 módulo 11, así que podemos escribir:
$$m = a_0 + 10 \cdot a_1 + 10^2 \cdot a_2 + \cdots + 10^n \cdot a_n$$
$$m \equiv a_0 - a_1 + a_2 - a_3 + \cdots + (-1)^n \cdot a_n \ (mod\ 11)$$

es decir, un número n es divisible entre 11 si la suma de sus cifras con los signos alternados es múltiplo de 11.

Generación de números pseudoaleatorios

El siguiente algoritmo para obtener números pseudoaleatorios es llamado $MLCG$ (Multiplicative Linear Congruential Generator), y fue desarrollado por la empresa IBM^{TM}:
$$x_{i+1} \equiv a \cdot x_i (mod\ m)$$

donde a es un multiplicador, m es el módulo y x_0 es llamado la semilla.

Ejemplo

Para $a = 3$, $m = 7$ y $x_0 = 1$:
$$x_0 = 1$$
$$x_1 = 3 \cdot 1 = 3 \equiv 3 \ (mod\ 7)$$
$$x_2 = 3 \cdot 3 = 9 \equiv 2 \ (mod\ 7)$$
$$x_3 = 3 \cdot 2 = 6 \equiv 6 \ (mod\ 7)$$
$$x_4 = 3 \cdot 6 = 18 \equiv 4 \ (mod\ 7)$$
$$x_5 = 3 \cdot 4 = 12 \equiv 5 \ (mod\ 7)$$
$$x_6 = 3 \cdot 5 = 15 \equiv 1 \ (mod\ 7)$$

La secuencia $x_0 = 1$, $x_1 = 3$, $x_2 = 2$, $x_3 = 6$, $x_4 = 4$, , $x_5 = 5$, $x_6 = 1$ no es aleatoria sino determinista, pero para efectos prácticos puede considerarse como aleatoria.

Método de los centros de los cuadrados

Este método fue desarrollado por el matemático húngaro John von Newmann (Newmann János, 1903 − 1957). Comenzamos con un primer número γ_0 entre 0 y 1 formado por cuatro cifras. Llamaremos a dicho número γ_0 la semilla del proceso. Luego se calcula γ_0^2 y se toman los cuatro dígitos centrales, con lo que se obtiene un segundo número γ_1. El proceso se repite tantas veces como se cantidad de números pseudo aleatorios se requiera. Este método presenta el problema de que se obtienen números pequeños con mayor frecuencia que números grandes.

Ejemplo

Generemos tres números pseudoaleatorios utilizando la siguiente semilla:
$$\gamma_0 = 0.9876$$
$$\gamma_0^2 = (0.9876)^2 = 0.97535376$$

$$\gamma_1 = 0.5353$$
$$\gamma_1^2 = (0.5353)^2 = 0.28654609$$
$$\gamma_2 = 0.6546$$
$$\gamma_2^2 = (0.6546)^2 = 0.42850116$$
$$\gamma_3 = 0.8501$$

Método congruencial mixto

Igual que con el método $MLCG$, se calcuarán números de manera recurrente, pero esta vez usando la fórmula:
$$\gamma_n = (\gamma_{n-1} \cdot a + b) \ (mod \ m)$$
donde a y b son números elegidos convenientemente, y γ_0 será la semilla.

Ejemplo

Generar números aleatorios para $a = 5, b = 7, \gamma_0 = 4$ y $m = 8$:
$$\gamma_0 = 4$$
$$(4 \cdot 5 + 7) = 27 \equiv 3 \ (mod \ 8)$$
$$\gamma_1 = 3$$
$$(3 \cdot 5 + 7) = 22 \equiv 6 \ (mod \ 8)$$
$$\gamma_2 = 6$$
$$(6 \cdot 5 + 7) = 37 \equiv 5 \ (mod \ 8)$$
$$\gamma_3 = 5$$
$$(5 \cdot 5 + 7) = 32 \equiv 0 \ (mod \ 8)$$
$$\gamma_4 = 0$$
$$(0 \cdot 5 + 7) = 7 \equiv 7 \ (mod \ 8)$$
$$\gamma_5 = 7$$
$$(7 \cdot 5 + 7) = 42 \equiv 2 \ (mod \ 8)$$
$$\gamma_6 = 2$$
$$(2 \cdot 5 + 7) = 17 \equiv 1 (mod \ 8)$$
$$\gamma_7 = 1$$

Ejercicios

1. Hallar el residuo de dividir el resultado de las siguientes operaciones entre los números indicados:
   a) $2{,}419 + 987$ dividido entre 7.
   b) $2{,}345 + 214 \cdot 432$ dividido entre 5.
   c) $2^8 \cdot 3^9 + 5^{15}$ dividido entre 6.
   d) $(5^9)^9 \cdot 5^{24}$ dividido entre 7.
   e) $2{,}419 + 987$ dividido entre 3.
   f) $2{,}345 + 214 \cdot 435$ dividido entre 4.
   g) $2^{13} \cdot 3^{31} + 5^{53}$ dividido entre 8.
   h) $(5^{35})^{53} \cdot 5^{45}$ dividido entre 9.

2. Mediante el método $MLCG$ hallar las sucesiones de números pseudo aleatorios para:
   a) $a = 3, m = 11$ y $x_0 = 1$
   b) $a = 11, m = 7$ y $x_0 = 2$
   c) $a = 7, m = 13$ y $x_0 = 3$
   d) $a = 13, m = 5$ y $x_0 = 5$

3. Utilizando el método de los centros de los cuadrados, generar cinco números pseudo aleatorios con tomando como semilla a:
   a) $x_0 = 0.2932$
   b) $x_0 = 0.1702$
   c) $x_0 = 0.5013$
   d) $x_0 = 0.8011$

4. Generar con el método congruencial mixto sucesiones de números pseudo aleatorios para:
   a) $a = 7, b = 5, \gamma_0 = 3$ y $m = 7$
   b) $a = 3, b = 5, \gamma_0 = 1$ y $m = 5$
   c) $a = 1, b = 3, \gamma_0 = 5$ y $m = 11$
   d) $a = 2, b = 4, \gamma_0 = 2$ y $m = 5$

5. Probar que si a no es múltiplo de 3, entonces:

$$a^2 \equiv 1 \ (mod\ 3)$$

6. Probar que si a no es múltiplo de 5, entonces
$$a^2 \equiv 1 \ (mod\ 5) \text{ ó } a^2 \equiv 4 \ (mod\ 5)$$

7. Probar que si $2n - 1$ es múltiplo de 9, entonces n es múltiplo de 6.

8. ¿Para qué valores de a el número $a^3 - 4a^2 + 2a - 1$ es múltiplo de 7?

9. Probar que un número es congruente con la suma de sus cifras módulo 3.

10. Probar que un número es congruente con el número formado por sus dos últimos dígitos módulo 4.

11. Probar que un número es congruente con el número formado por sus tres últimos dígitos módulo 8.

12. Dar un criterio para saber cuándo un número es divisible entre 7.

Teoría de Grafos

La ciudad de Kaliningrado, antiguamente llamada Königsberg, está situada en la desembocadura del río Pregolya, en la antigua Prusia Oriental. Este río atravesaba la ciudad diviendo la zona en varias partes. Por ello se construyó un sistema de puentes conectores: El Puente del Herrero, el Puente Conector, el Puente Verde, el Puente del Mercado, el Puente de Madera, el Puente Alto y por último, el Puente de la Miel:

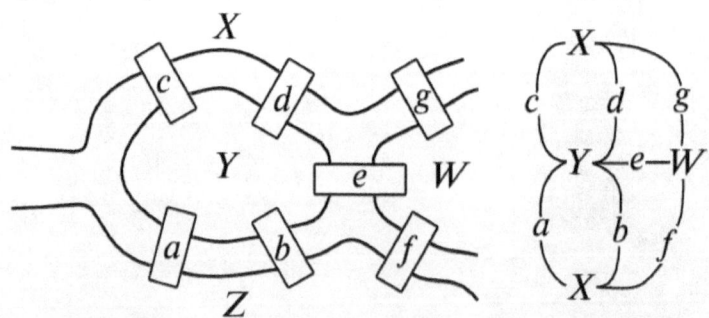

Entre los ciudadanos surgió un juego para entretenerse en los momentos de aburrimiento:

¿Se pueden atravesar todos las regiones pasando sólo una vez por cada puente?

Este problema fue resuelto por Leonard Euler en 1736, y es considerado como el origen de la teoria de grafos.

Grafos dirigidos y no dirigidos

Los grafos son una herramienta que permite resolver problemas tales como hallar la mejor ruta para realizar la distribución de bienes y/o servicios, la recolección de artículos, establecer la manera más económica de viajar de una ciudad a otra, o trazar el cableado de una red forma que el costo sea mínimo.

Un grafo es una pareja $G = (V, E)$, donde V es un conjunto no vacío de puntos a los que se les llama vértices o nodos, y E es un subconjunto de $G \times G$ cuyos elementos se denominan aristas o arcos.

Ejemplo

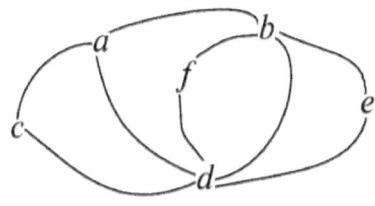

$V = \{a, b, c, d, e, f\}$
$E = \{(a,b), (a,c), (a,d),$
$(b,d), (b,e), (b,f),$
$(c,d), (d,e), (d,f)\}$

Grafo no dirigido

Notemos que cada arista (x, y) es igual a la arista (y, x)

Se puede asignar una dirección o sentido a las aristas de un grafo, en cuyo caso lo llamaremos un grafo dirigido o dígrafo. Si (x, y) es una arista de un dígrafo, llamamos a x el vértice de salida, y a y el vértice de llegada.

Ejemplo

$V = \{a, b, c, d, e, f\}$
$E_o = \{(a,b), (a,c), (a,d),$
$\quad (b,f), (d,b), (f,d)\}$
$E_i = \{(b,a), (b,d), (c,d),$
$\quad (d,a), (d,e), (d,f), (f,b)\}$
Grafo dirigido

Donde E_i es el conjunto de vértices de entrada y E_o el conjunto de vértices de salida.

Un grafo se dice conexo si está hecho de una sola pieza. Esto se puede definir matemáticamente como que entre cualesquiera dos vértices existe un camino que lleva de uno a otro. El siguiente grafo es disconexo:

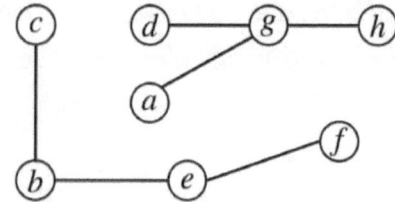

Sea $G = (V, E)$ un grafo y u, v elementos de V. Decimos que u y v son adyacentes si (u, v) es un elemento de E, es decir, si hay una arista de E que una a u con v.

Ejemplo

En el grafo anterior tenemos que g es adyacente con a, d y h, mientras que b sólo es adyacente con c y con e.

Sea v un vértice de un grafo no dirigido G. Definimos su grado o peso $\deg(v)$ como el número de aristas que inciden sobre él. Si un vértice no es adyacente con otros vértices del grafo su grado es 0 y entonces se dice que es un vértice aislado.

Uno de los resultados más conocidos de la teoría de grafos es que, dado un grafo no dirigido $G = (V, E)$, se tiene que:

$$\sum_{v \in V} \deg(v) = 2 \cdot |E|$$

Ejemplo

Consideremos el siguiente grafo:

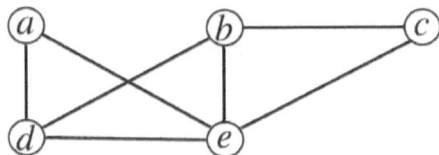

Claramente $|E| = 7$. Entonces:

$$\sum_{v \in V} \deg(v) = \deg(a) + \deg(b) + \deg(c) + \deg(d) + \deg(e)$$

$$= 2 + 3 + 2 + 3 + 4 = 14 = 2 \cdot 7 = 2 \cdot |E|$$

El concepto de grado puede extenderse a un grafo dirigido, pero en ese caso cada vértice tendrá dos grados: el grado interior o grado de entrada, que es el número de aristas que inciden en él, y el grado exterior o grado de salida, que es el número de aristas que parten de él.

Matrices de adyacencia

Se pueden usar matrices para representar grafos. Dicha matriz tendrá un 1 si dos vértices son adyacentes, y 0 si no lo son:

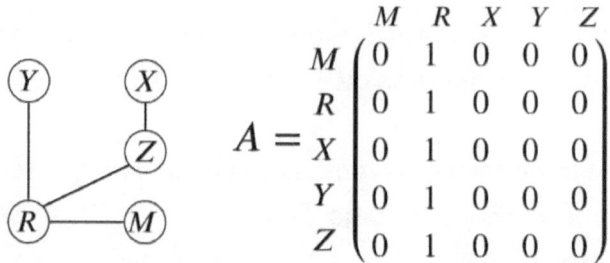

$$A = \begin{pmatrix} & M & R & X & Y & Z \\ M & 0 & 1 & 0 & 0 & 0 \\ R & 0 & 1 & 0 & 0 & 0 \\ X & 0 & 1 & 0 & 0 & 0 \\ Y & 0 & 1 & 0 & 0 & 0 \\ Z & 0 & 1 & 0 & 0 & 0 \end{pmatrix}$$

Nótese que la matriz de adyacencia (de salida o de entrada) de un grafo no dirigido es siempre simétrica, es decir, es igual a su traspuesta. En el caso de un grafo dirigido, las entradas de su matriz de adyacencia siguen siendo 0's y 1's (suelen colocarse las aristas de filas a columna), pero como se aprecia en el siguiente ejemplo, esta ya no es necesariamente simétrica:

$$M_o = \begin{matrix} & a & b & c & d \\ a \\ b \\ c \\ d \end{matrix} \begin{pmatrix} 0 & 1 & 1 & 1 \\ 0 & 0 & 0 & 0 \\ 0 & 0 & 0 & 0 \\ 0 & 1 & 1 & 0 \end{pmatrix}$$

$$M_i = \begin{matrix} & a & b & c & d \\ a \\ b \\ c \\ d \end{matrix} \begin{pmatrix} 0 & 0 & 0 & 0 \\ 1 & 0 & 0 & 1 \\ 1 & 0 & 0 & 1 \\ 0 & 0 & 0 & 0 \end{pmatrix} \qquad M_A = M_o + M_i$$

Aquí M_i es la matriz de los grados de entrada, M_o la matriz de los grados de salida, y M_A la matriz del grafo no dirigido subyascente.

Isomorfismos de grafos

Dos grafos $G_1 = (V_1, E_1)$ y $G_2 = (V_2, E_2)$ se dicen isomorfos si existe una biyección $\phi: V_1 \to V_2$ tal que:

$$(u, v) \in E_1 \text{ si y sólo si } (\phi(u), \phi(v)) \in E_2$$

Si dos vértices son vecinos en G_1, entonces los vértices correspondientes en G_2 también lo serán y recíprocamente.

Ejemplo

Los siguientes grafos son isomorfos:

$$\phi(1) = a, \phi(2) = b, \phi(3) = e, \phi(4) = d, \phi(5) = c$$

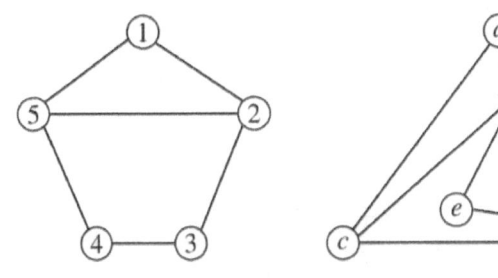

Es fácil ver que:
$$\deg(1) = 2 = \deg(a)$$
$$\deg(2) = 3 = \deg(b)$$
$$\deg(3) = 2 = \deg(e)$$
$$\deg(4) = 2 = \deg(d)$$
$$\deg(5) = 3 = \deg(c)$$

Y que se preserva la adyacencia entre vértices.

Ejercicios

1. Construir las matrices de adyacencia de los siguientes grafos:

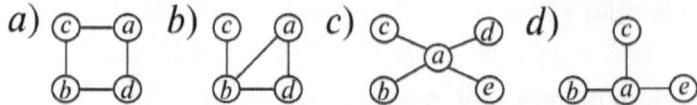

2. En una ciudad A hay tres aeropuertos, en otra ciudad B hay cuatro, y en una tercera ciudad C hay dos. Una persona quier ir de A a B un cierto día de la semana, y de B a C al día siguiente. Los vuelos disponibles se muestran en la siguiente relación:

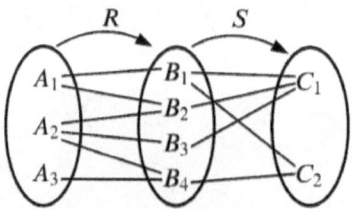

Construir las matrices de adyacencia M_R y M_S y calcular el producto $M_{AB} \cdot M_{BC}$. ¿Cómo se relaciona esto con los viajes que quiere hacer la persona?

3. Dibujar los grafos que representan las siguientes matrices de adyacencia:

a) $\begin{pmatrix} 0 & 1 & 1 & 1 \\ 1 & 0 & 0 & 0 \\ 1 & 0 & 0 & 0 \\ 1 & 0 & 0 & 0 \end{pmatrix}$
b) $\begin{pmatrix} 0 & 0 & 0 & 1 \\ 0 & 0 & 1 & 0 \\ 0 & 1 & 0 & 0 \\ 1 & 0 & 0 & 0 \end{pmatrix}$

c) $\begin{pmatrix} 0 & 1 & 0 & 1 & 1 \\ 1 & 0 & 1 & 0 & 1 \\ 0 & 1 & 0 & 0 & 0 \\ 1 & 0 & 0 & 0 & 1 \\ 1 & 1 & 0 & 1 & 0 \end{pmatrix}$
d) $\begin{pmatrix} 0 & 0 & 0 & 0 & 1 \\ 0 & 0 & 0 & 1 & 1 \\ 0 & 0 & 0 & 1 & 0 \\ 0 & 1 & 1 & 0 & 1 \\ 1 & 1 & 0 & 1 & 0 \end{pmatrix}$

e) $\begin{pmatrix} 0 & 1 & 0 & 1 & 0 & 1 \\ 1 & 0 & 1 & 1 & 0 & 1 \\ 0 & 1 & 0 & 1 & 1 & 0 \\ 1 & 1 & 1 & 0 & 1 & 1 \\ 0 & 0 & 1 & 1 & 0 & 0 \\ 1 & 1 & 0 & 1 & 0 & 0 \end{pmatrix}$
f) $\begin{pmatrix} 0 & 0 & 0 & 0 & 1 & 1 \\ 0 & 0 & 0 & 0 & 1 & 1 \\ 0 & 0 & 0 & 1 & 1 & 1 \\ 0 & 0 & 1 & 0 & 1 & 1 \\ 1 & 1 & 1 & 1 & 0 & 1 \\ 1 & 1 & 1 & 1 & 1 & 0 \end{pmatrix}$

4. Sea G un grafo con al menos dos vértices.
    a) Comprobar que hay un número par (o cero) de vértices con grado impar.
    b) Verifcar que en G hay al menos dos vértices con el mismo grado.
5. En una fiesta hay 8 personas que en un determinado momento llenan sus copas de sidra y brindan entre ellos, todos con todos. ¿Cuántos choques de copas hay en total?
6. Dado el grafo simple no dirigido:
$$V = \{A, B, C, D, E\},$$
$$E = \{(A,B), (A,C), (B,D), (C,D), (D,E)\}$$
    a) Calcular el grado de cada vértice.
    b) ¿Cuántos vértices tienen grado impar?
7. Un grafo tiene 8 vértices y 10 aristas. Si los grados de 7 vértices son: 3, 2, 4, 1, 2, 3, y 2, ¿cuál es el grado del octavo vértice?
8. Sea el grafo G definido por
$$V = \{1,2,3,4,5\} \; ; \; E = \{(1,2), (2,3), (3,4)\}$$
    a) ¿Es conexo el grafo?
    b) ¿Cuántos componentes conexas tiene?
    c) Agregar la mínima cantidad de aristas para hacerlo conexo.
9. Se tiene el siguiente grafo no dirigido con 7 vértices. Cada vértice está conectado sólo con sus dos vecinos inmediatos en un ciclo, es decir, $v_1 \sim v_2 \sim \cdots \sim v_7$.
    a) ¿Es conexo el grafo?

b) ¿Qué ocurre si se elimina el vértice v_4?

c) ¿Y si se eliminan las aristas (v_3, v_4) y (v_4, v_5)?

10. Dado un grafo con 6 vértices y las siguientes aristas ponderadas:

    $E = \{(A, B, 4), (B, C, 5), (C, D, 3), (D, E, 2), (E, F, 1)\}$

    ¿Es conexo el grafo? Si no lo es, ¿qué aristas mínimas se deben agregar para que lo sea?

11. Considerar el grafo dirigido con pesos:

    $E = \{(A, B, 3), (B, C, 1), (C, D, 2), (A, D, 10), (B, D, 4)\}$

    a) ¿Cuál es el camino más corto de A a D por peso total?

    b) ¿Qué camino tiene mayor peso total entre A y D?

    a) Hallar el árbol de expansión mínima para reducir el costo del cableado.

12. Decidir si los siguientes grafos son isomorfos o no.

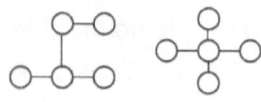

13. Dibujar todos los grafos conexos de 4 vértices (salvo isomorfismos).

14. Cinco amigos salen de vacaciones al mismo tiempo y a diferentes lugares. Deciden que al llegar a su destino cada uno de ellos enviará una postal a tres de los restantes. ¿Es posible que cada amigo reciba postales de precisamente los tres amigos a los que él les envió las suyas?

15. Un grupo de 7 personas acuerdan cenar juntas en diferentes ocasiones. En cada ocasión se sientan alrededor de una mesa redonda de modo que cada persona tiene a sus dos lados comensales distintos en cenas diferentes. Si todos quieren sentarse junto a todos los demás, ¿Cuántos días deberán citarse para cenar?

Redes Sociales y Motores de Búsqueda en Internet

Al momento de publicar este libro, Google™ es el buscador preferido de la mayoría de los internautas. Una de las razones de este éxito es que despliega primero las páginas de mayor reelevancia respecto a la búsqueda solicitada. Esto se debe a que emplea un algoritmo de ordenación basado tanto la teoría de grafos como en el álgebra lineal, al que sus diseñadores, Sergey Brin y Lawrence Page, denominan PageRank. Google™ fue creado en 1998 en la Universidad de Stanford, donde estudiaban ambos.

Caminos

Dado un grafo G, un camino entre dos de sus vértices a, b es una sucesión de aristas $\{(a, x_1), (x_1, x_2), \dots (x_{n-2}, b)\}$, que unen a dichos vértices. A la cantidad de aristas de un camino se le llama longitud del camino.

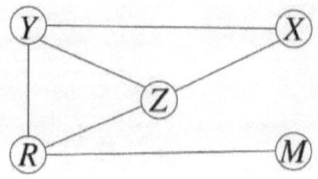

En el grafo anterior $\{(M,R),(R,Z),(Z,X)\}$ es un camino de longitud 3 entre M y X.

Sea G un grafo y A su matriz de adyacencia. Se puede demostrar utilizando inducción matemática, que las potencias $A^1, A^2, \ldots, A^n$ proporcionan el número de caminos de longitud n entre cualesquiera dos de los vértices de G.

Ejemplo

Hallemos cuántos caminos de longitud 2 y 3 conectan a cada uno de los vértices del siguiente grafo.

Solución

Primero hay que construir la matriz de adyacencia M_G:

$$M_G = \begin{array}{c} \\ M \\ R \\ X \\ Y \\ Z \end{array} \begin{array}{c} \begin{array}{ccccc} M & R & X & Y & Z \end{array} \\ \begin{pmatrix} 0 & 1 & 0 & 0 & 0 \\ 1 & 0 & 0 & 1 & 1 \\ 0 & 0 & 0 & 1 & 1 \\ 0 & 1 & 1 & 0 & 0 \\ 0 & 1 & 1 & 0 & 0 \end{pmatrix} \end{array}$$

Luego, para calcular el número de caminos de tamaño 2 entre cada uno de los distitos vértices de G es suficiente calcular su cuadrado:

Caminos de tamaño 2 entre R y $Z = 0$

Caminos de tamaño 2 entre R y $X = 2$

$$M_G^2 = \begin{array}{c} \\ M \\ R \\ X \\ Y \\ Z \end{array} \begin{array}{c} \begin{array}{ccccc} M & R & X & Y & Z \end{array} \\ \begin{pmatrix} 1 & 0 & 0 & 1 & 1 \\ 0 & 3 & 2 & 0 & 0 \\ 0 & 2 & 2 & 0 & 0 \\ 1 & 0 & 0 & 2 & 2 \\ 1 & 0 & 0 & 2 & 2 \end{pmatrix} \end{array}$$

Obsérvese que los números en la diagonal principal son los grados de los vértices correspondientes. Para calcular los caminos de tamaño 3 entre cada uno de los distintos vértices de G, es necesario calcular el cubo de M_G:

$$M_G^3 = \begin{array}{c} \\ M \\ R \\ X \\ Y \\ Z \end{array} \begin{array}{c} \begin{matrix} M & R & X & Y & Z \end{matrix} \\ \begin{pmatrix} 0 & 3 & 2 & 0 & 0 \\ 3 & 0 & 0 & 5 & 5 \\ 2 & 0 & 0 & 4 & 4 \\ 0 & 5 & 4 & 0 & 0 \\ 0 & 5 & 4 & 0 & 0 \end{pmatrix} \end{array}$$

Caminos de tamaño
3 entre Y y X = 4

Caminos de tamaño
3 entre R y Z = 5

Redes sociales

Una red social como Facebook™ puede verse como un grafo en el que cada usuario es un vértice. Entre cada dos usuarios habrá una arista que los une si ambos son amigos. Además, un amigo en común entre dos usuarios es aquel que forma parte de un camino de longitud 2 entre ambos:

$$u_1 \text{------} u_2 \text{------} u_3$$

Camino de longitud 2

Por tanto, para conocer el número de amigos en común entre dos usuarios que no sean amigos entre sí, bastará con saber el número de caminos de tamaño 2 entre ellos. Para ejemplificar esto, considérese la siguiente situación:

- A es amigo de B, C y D
- D es amigo de C, B, E y F
- F es amigo de B y D
- E es amigo de B

A continuación mostramos el grafo que representa la situación anterior y su matriz de adyacencia:

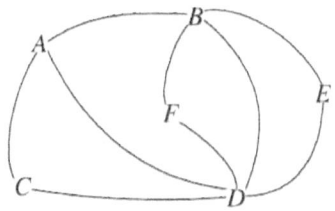

$$M = \begin{pmatrix} & A & B & C & D & E & F \\ 0 & 1 & 1 & 1 & 0 & 0 \\ 1 & 0 & 0 & 1 & 1 & 1 \\ 1 & 0 & 0 & 1 & 0 & 0 \\ 1 & 1 & 1 & 0 & 1 & 1 \\ 0 & 1 & 0 & 1 & 0 & 0 \\ 0 & 1 & 0 & 1 & 0 & 0 \end{pmatrix} \begin{matrix} A \\ B \\ C \\ D \\ E \\ F \end{matrix}$$

Calculando el cuadrado de dicha matriz encontraremos el número de caminos de tamaño 2 entre cualesquiera dos vértices de este grafo:

$$M^2 = \begin{pmatrix} & A & B & C & D & E & F \\ 3 & 1 & 1 & 2 & 2 & 2 \\ 1 & 4 & 2 & 3 & 1 & 1 \\ 1 & 2 & 2 & 1 & 1 & 1 \\ 2 & 3 & 1 & 5 & 1 & 1 \\ 2 & 1 & 1 & 1 & 2 & 2 \\ 2 & 1 & 1 & 1 & 2 & 2 \end{pmatrix} \begin{matrix} A \\ B \\ C \\ D \\ E \\ F \end{matrix}$$

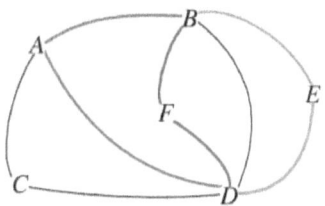

Por ejemplo, entre los usuarios D y B hay 3 amigos en común: A, E y F.

Motores de búsqueda en internet

Cuando se introduce un término en Google™, su robot emplea un algoritmo de ordenación llamado Page Rank para desplegar una lista de sitios, mostrando primero aquellos cuya reelevancia es la más alta respecto de la búsqueda solicitada. El problema que nos interesa es saber cómo y en qué orden deben ser expuestos esos resultados.

Para cada sitio en internet S_i se sabe cuántos y cuáles otros sitios tienen un enlace hacia él. Todos estos datos están codificados en un digrafo G, que es el que codifica a toda la internet, donde cada sitio web S_i se representa mediante un vértice y las aristas (de entrada) provienen de páginas que hacen referencia a dicho sitio. Este digrafo está codificado mediante la traspuesta de la matriz de adyacencia M_G de G:

$$M_G = \begin{array}{c} \\ S_1 \rightarrow \\ \vdots \\ S_i \rightarrow \\ \vdots \\ S_n \rightarrow \end{array} \begin{array}{c} S_1 \cdots S_j \cdots S_n \\ \downarrow \quad \downarrow \quad \downarrow \\ \begin{pmatrix} & & \vdots & & \\ & \cdots & m_{ij} & & \\ & & \vdots & & \end{pmatrix} \end{array}$$

La entrada m_{ij} vale 1 si el sitio S_j hace referencia al sitio S_i, y 0 en caso contrario. Por tanto, la suma de las entradas de la fila i es igual al número de páginas que apuntan al sitio S_i. La suma de los elementos de la columna j es igual al número de sitios a los que hace referencia el sitio S_j.

Denotemos por T un término de búsqueda y sean $S_1, \ldots, S_n$ todos los sitios web que están relacionados con T, a los que les asignaremos una importancia x_i para cada $i = 1, \ldots, n$, y que podemos colectar en un vector de importancias $\vec{x} = (x_1, \ldots, x_n)$, donde claramente $x_i \geq 0$. Se puede asignar una alta importancia a páginas poco citadas aunque muy concurridas, tales como Amazon™, Facebook™ o Microsoft™. La importancia del sitio S_i es un número proporcional al número de sitios que hacen referencia a él, es decir:

$$x_i = K \sum_{j=1}^{n} m_{ij} x_j$$

Donde K es cierta constante de proporcionalidad. Haciendo $\lambda = 1/K$ y escribiendo lo anterior en términos matriciales obtenemos:

$$M_G \vec{x} = \lambda \vec{x}$$

Lo cual es una expresión que es muy conocida en el álgebra lineal, por lo que el problema de listar los sitios en orden de importancia respecto a un término de búsqueda T, se reduce a obtener los autovalores y autovectores de la matriz relacional M_G asociada al digrafo que representa a la internet.

Ejercicios

1. En la red social Facebook™ los usuarios A, B, C, D, E y F han registrado la siguiente actividad:
   - C agregó a B, a E y a F.
   - E agregó a F y a B.
   - D agregó a F y a A.

   Trazar el grafo que describe la situación anterior, y mediante su matriz de adyacencia determinar el número de amigos en común entre F y A, y entre A y C.

2. Se quiere conectar 6 computadoras en red usando 9 cables de manera que cada dispositivo esté conectado a otros 3. ¿Es posible? ¿Se puede hacer de varias formas? ¿Y 7 ordenadores usando 10 cables?

3. El grafo de la figura representa las paradas de una ruta escolar y las conexiones posibles entre ellas:

   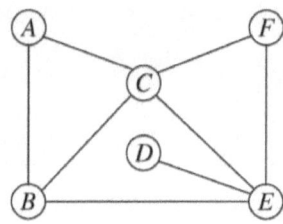

   a) Decidir si es posible recorrer todas las calles una sola vez, aunque se pase más de una vez por alguna parada. Si es así, encontrar un recorrido con esas condiciones

   b) Decidir si es posible encontrar un recorrido así que vuelva al punto de partida. En ese caso, dar un recorrido que comience y termine en B.

4. Cinco amigos A, B, C, D, y E quieren comunicar sus ordenadores para jugar en red. Los costes conocidos, en segundos, de enviar datos entre sus ordenadores son:

	A	B	C	D	E
A		3			5
B	3		2	6	
C		2			3
D		6			1
E	5		3	1	

Decidir cómo deben estar conectados los ordenadores para que A y C tarden lo menos posible en comunicarse.

5. En LinkedIn™ los usuarios están conectados si son contactos directos. Considerar el siguiente conjunto de usuarios:
$$U = \{Ana, Bruno, Clara, Diego\}$$
Las conexiones directas son: $Ana \smile Bruno$, $Ana \smile Clara$, $Bruno \smile Diego$.
   a) Representar esta red de contactos como un grafo no dirigido.
   b) Construir la matriz de adyascencia M.
   c) Calcular M^2 y explicar qué significa en términos de contactos en común en LinkedIn™.

6. En Instagram™ un usuario puede seguir a otro (relación dirigida). Considerar los usuarios
$$U = \{Laura, Mateo, Nora, Pedro, Sara\}$$
Las relaciones de seguimiento son: Laura sigue a Mateo y a Sara; Mateo sigue a Nora; Pedro sigue a Sara; Sara no sigue a nadie.
   a) Representar la red como un grafo dirigido.
   b) Construir la matriz de adyascencia dirigida M.
   c) Calcular M^3 y determinar si Laura puede llegar a Pedro en tres pasos de seguimiento.

7. En la res social χ^{TM} (antes Twitter™) los usuarios pueden repostear publicaciones. Consideremos los usuarios:

$$U = \{Luis, Marta, Omar, Paula\}$$

Las relaciones de reposteo son: Luis repostea a Marta y a Omar; Marta repostea a Omar, Omar reenvía a Paula; Paula repostea a Luis.

a) Representar esta red como un grafo dirigido.
b) Construir la matriz de adyascencia M.
c) Determinar si existe un ciclo de reenvío.

El problema de la ruta más corta en un grafo con pesos por aristas, consiste en encontrar un camino entre dos puntos de tal manera que la suma de los pesos sea mínima. La búsqueda de rutas más cortas y eficientes no es reciente. Este problema posee una larga historia y se considera uno de los principales problemas de la teoría de grafos. Desde el siglo XIX se han desarrollado gran cantidad de estudios para determinar de forma eficiente rutas más cortas para diferentes problemas de aplicación.

El algoritmo de Dijkstra, también conocido como el algoritmo de caminos mínimos, fue desarrollado por el científico del mismo nombre en 1956. Actualmente este algoritmo es ampliamente utilizado en aplicaciones digitales como Google Maps™ y Waze™, que utilizan un módulo del algoritmo para conocer las rutas más eficientes de un sitio a otro, mientras que LinkedIn™ lo utiliza para encontrar los grados de separación entre personas conectadas.

Existen otros algoritmos para resolver el problema de la ruta mínima, como por ejemplo, el algoritmo de Floyd-Warshall, descrito en 1959 por Bernard Floyd, el cual está basado en matrices de adyacencia de grafos tanto dirigidos como no. Sin embargo, no analizamos dicho algoritmo en este libro.

Algoritmo de Dijkstra

Aunque tiene la limitante de que no funciona para grafos con pesos negativos por aristas, sí funciona para una gran gamma de situaciones. El algoritmo es el siguiente:

a) Marcar el nodo de partida como nodo inicial y asignarle una distancia a sí mismo de 0. Al resto de nodos se les asigna una distancia mínima de infinito.
b) Elegir el nodo no visitado con la distancia menor entre él y el nodo actual.
c) Para cada vecino del nodo actual, sumar la distancia mínima del nodo actual con el peso de la arista que los conecta. Si el resultado es menor que la distancia mínima del nodo que se está analizando, establecer dicho número como la nueva distancia mínima.
d) Cuando no queden más vecinos del nodo actual por analizar, marcar el nodo actual como visitado.
e) Si hay nodos no visitados, regresar al paso b).

Ejemplo

Un vendedor desea conocer la manera más eficiente de viajar desde la ciudad A, que es donde vive, a un conjunto de ciudades en las que realiza entregas. El siguiente es un mapa del sistema de carreteras que unen a las ciudades y la distancia (en decenas de kilómetros) entre las mismas:

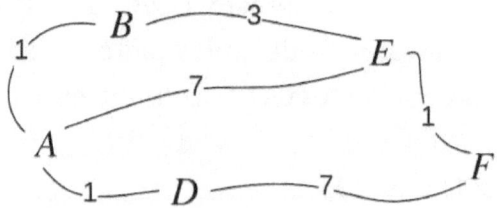

Solución

Marcamos el nodo de partida como el nodo actual:

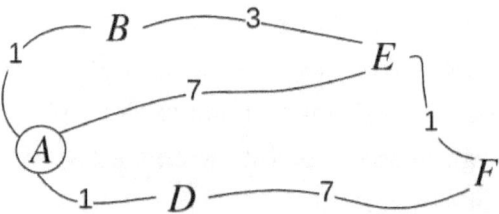

Asignamos una distancia mínima infinita desde el vértice actual a cada uno de los vértices restantes. La distancia de A a sí mismo es 0:

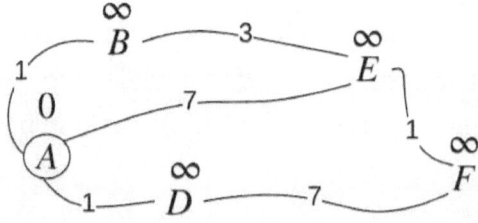

Examinamos a los vecinos del nodo actual, y vemos que tanto B como D tienen distancia 1 hacia A. Sin pérdida de generalidad, podemos comenzar con B. Sumamos la distancia mínima del nodo actual, en este caso, 0, con el peso del arista que lo conecta con B: $0 + 1 = 1$. Comparamos este valor con la distancia mínima de B. El valor más pequeño es el que queda como la distancia mínima:

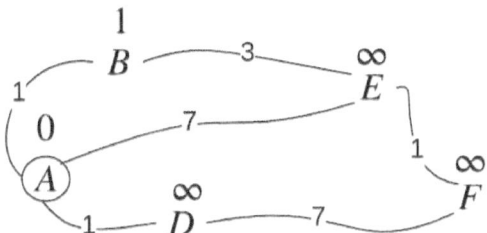

Ahora examinamos el vértice vecino D. Sumamos 0, la distancia mínima del nodo actual A con 1, el peso de la arista que lo conecta con D: $0 + 1 = 1$, que queda como la distancia mínima de D ya que es menor que infinito.

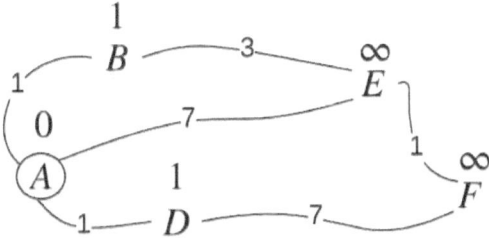

Aplicamos el procedimiento a E, el último nodo vecino sin visitar del nodo actual A:

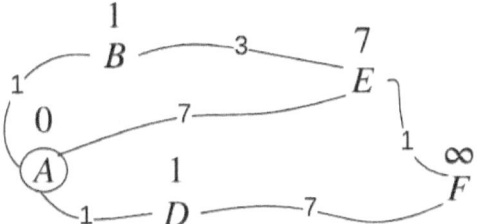

Una vez agotados todos los nodos vecinos de A, lo marcamos como ya visitado:

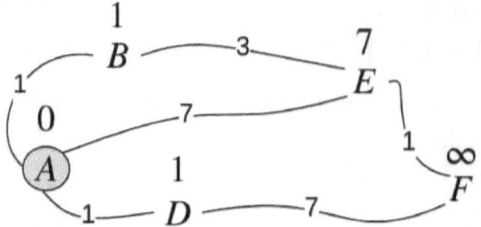

El nuevo nodo actual será el nodo no visitado con la menor distancia mínima. Tenemos dos candidatos: B y D. Sin pérdida de generalidad podemos elegir a B, al que marcamos como nodo actual:

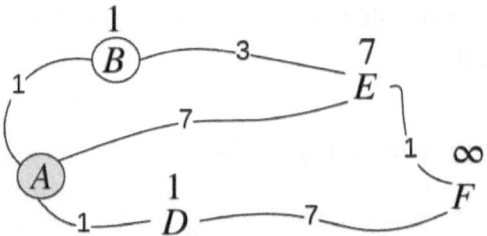

De los nodos no visitados B sólo tiene por vecino a E, así que sumamos el peso de la arista que une B con E, con el peso de la arista que une A con B: $3 + 1 = 4$, valor que es menor que 7, la distancia mínima de E, por lo que se actualiza:

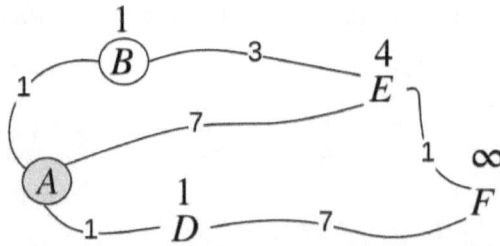

Como ya no quedan más vecinos del nodo actual B por visitar, lo marcamos como visitado, y elegimos a D como nuevo nodo actual, pues es el nodo no visitado con menor distancia mínima:

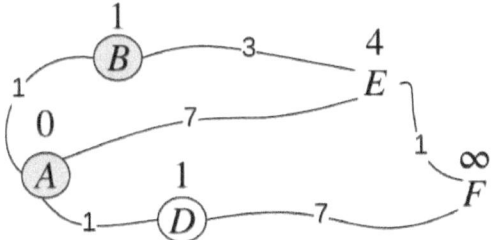

Revisamos a F, que es el único vecino de D. Sumamos la distancia de D a F con el peso de la arista que une a D con A: $7 + 1 = 8$, valor que sustituye a infinito, el valor de la distancia mínima de F, por ser menor.

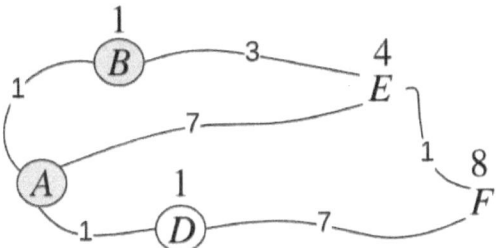

Como ya no quedan más vecinos de D sin visitar, lo marcamos como visitado:

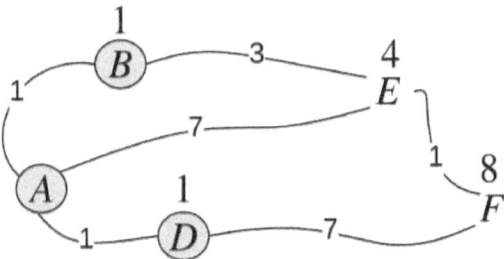

Ahora elegimos como nodo actual al nodo no visitado de menor distancia mínima, que en este caso es E:

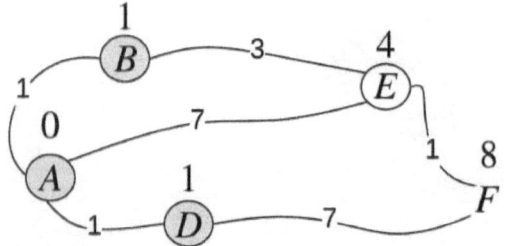

El único vecino no visitado del nodo actual E es F, por lo que sumamos la distancia mínima de E con la distancia de E a F: $4 + 1 = 5$, que por ser menor que 8, será la nueva distancia mínima de F.

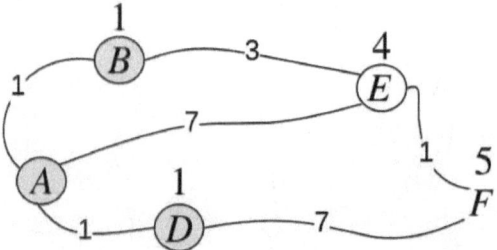

Como el nodo actual E no tiene más vecinos no visitados, lo marcamos como visitado:

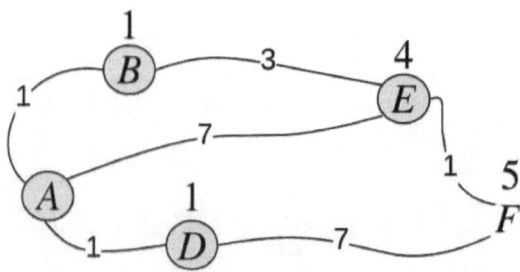

El siguiente y último nodo no visitado es F, al que elegimos como nodo actual:

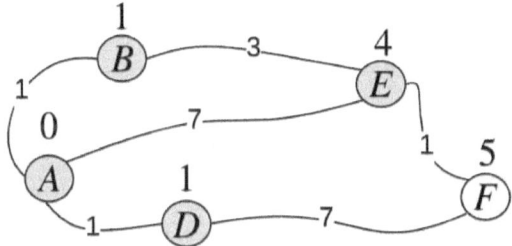

El nodo actual F no tiene vecinos no visitados, por lo que lo marcamos como visitado:

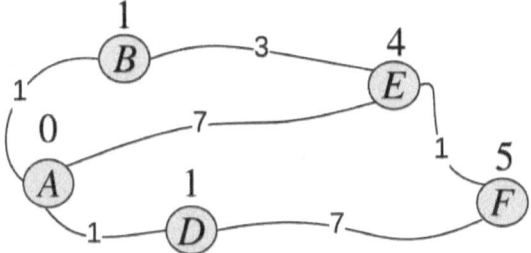

Como no quedan más nodos sin visitar el algoritmo termina. Los números encima de cada nodo representan las distancias mínimas hacia el nodo inicial:

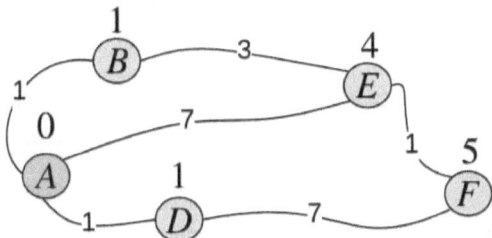

Uno de los mayores problemas que se plantea en internet es decidir por dónde se deben enviar los archivos que reciben los distintos servidores. Una manera poco eficiente es la de que cada router envíe los mensajes por la conexión que esté menos congestionada en cada momento, pues esto puede retrasar los envíos.

Otra posibilidad es que cada router tenga definida una tabla de forma que cada vez que le llegue un archivo con un destino determinado, se sepa por cuál línea tiene que enviar dicho archivo.

En la práctica, existen diversas alternativas para construir esta tabla. Una de las más usadas consiste en que cada pocos minutos, cada router envía al resto de los servidores información sobre la saturación de las conexiones que salen de ese servidor (se informa sobre el porcentaje de ocupacion de cada línea).

Con toda esta información se resuelve el problema de encontrar el camino de distancia mínima entre cualquier par de routers, donde la distancia de un camino se define como la suma de la saturacion de todas las líneas que lo forman.

Con esta solución se crea una tabla para cada enrutador con dos entradas: "destino final" y "siguiente router en el camino óptimo". De esta forma, cuando a un router le llega un nuevo archivo, se consulta en la tabla cuál es el siguiente enrutador que le corresponde según el destino final del archivo.

Para construir la tabla de enrutamiento del nodo se debe calcular el árbol de caminos mínimos (árbol generador mínimo) del origen al resto de los nodos del grafo, que tendrá por pesos por aristas a las saturaciones de las líneas de comunicación. Una manera de construir dicho árbol es, por ejemplo, utilizando el algoritmo de Dijkstra.

Ejercicios

1. Hallar el valor de la ruta más corta desde el punto A al resto de los vértices de los grafos que se muestran a continuación:

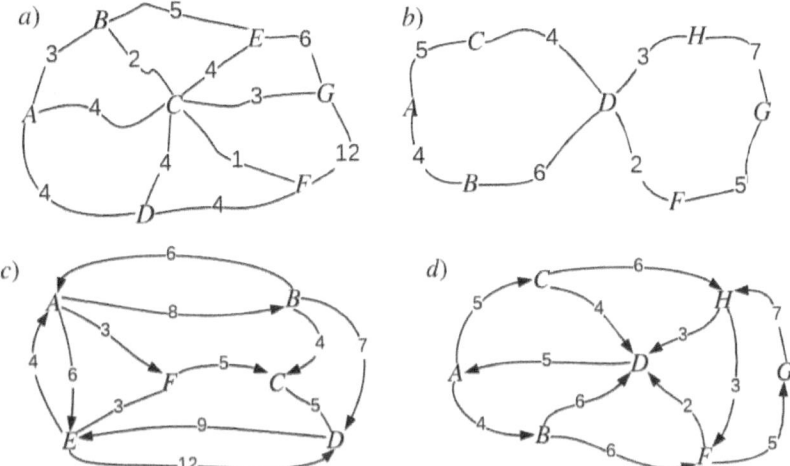

2. Se desea electrificar a una ciudad a través de una serie de subestaciones. El siguiente grafo muestra la distribución de la situación a resolver.

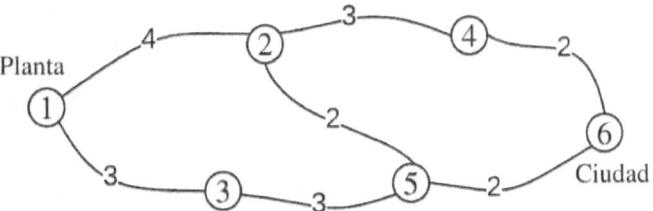

Determinar la ruta que se deberá energizar a la ciudad de modo que la cantidad de cable sea mínima.

3. Un hombre viaja con un lobo, un cordero y una caja de coles. En un punto de su viaje debe cruzar un rio, pero en la barca de que dispone no hay más espacio que para el hombre y un animal, o el hombre y la caja. Por tanto debe decidir como

cruzar a los animales y las coles al otro lado del río, sin dejar en ningún momento solos al lobo con el cordero, ni al cordero con las coles. Representar este problema como el problema de encontrar el camino mas corto entre dos nodos de un grafo.

4. En el siguiente grafo x puede valer 1, 2 ó 3. Determinar la distancía mínima de A a G con cada uno de esos valores.

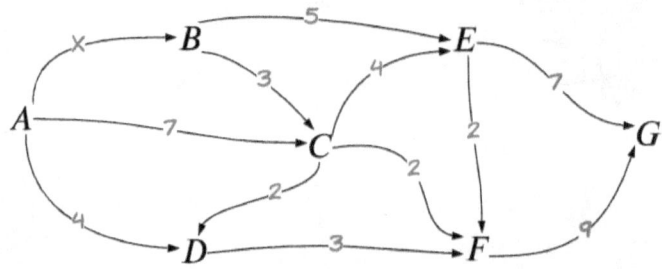

5. Una empresa quiere conectar 5 sucursales mediante cables. Las distancias en km entre ellas son: $A - B$: 12; $A - C$: 10; $A - D$: 15, $B - C$: 8; $B - E$: 7; $C - D$: 5, $D - E$: 9.
   b) Modelar el grafo con estos datos.
   c) Hallar el árbol de expansión mínima para reducir el costo del cableado.
6. En un grafo ponderado no dirigido, se tienen las siguientes aristas con pesos:
   (1,2,7), (1,3,9), (2,3,10), (2,4,15), (3,4,11), (4,5,6),
   (1, 2, 7), (1, 3, 9), (2, 3, 10), (2, 4, 15), (3, 4, 11),
   (4, 5, 6), (1,2,7), (1,3,9), (2,3,10), (2,4,15),
   (3,4,11), (4,5,6)
   a) Representar el grafo.
   b) Usar el algoritmo de Dijkstra para encontrar el camino mínimo de 1 a 5.

7. Un proyecto de construcción tiene varias actividades que deben organizarse. Cada actividad se representa como un nodo y el tiempo de ejecución (en días) está indicado en la arista que conecta las tareas. El grafo del proyecto es el siguiente:
   - Inicio → A (3 días).
   - Inicio → B (2 días).
   - $A \to C$ (4 días).
   - $B \to C$ (6 días).
   - $B \to D$ (5 días).
   - $C \to E$ (2 días).
   - $D \to E$ (3 días).
   - $E \to$ Fin (1 día).

   a) Representar el proyecto como un grafo dirigido sin ciclos.

   b) Determinar la ruta crítica del proyecto.

   c) Calcular la duración total mínima del proyecto.

8. El procesador de textos *LaTeχ* usa una rutina de optimizacion para justificar un párrafo a la izquierda y a la derecha. El editor tiene que decidir como romper cada línea de un parrafo para que su apariencia sea lo mas atractiva posible. En concreto, un párrafo consiste en n palabras ordenadas de 1 a n. El procesador calcula automaticamente el atractivo de una línea que empieza con la palabra i y termina con la palabra j. Este valor (peso) se denota por c_{ij}. Cuanto más grande, menos estética es la línea de texto en cuestión. El objetivo del procesador es conseguir descomponer un parrafo en varias líneas para que dicho parrafo sea lo más estético posible. Por tanto, dados todos los costos c_{ij} de cada posible línea en un parrafo, se debe formular el problema de la descomposición de líneas como

un problema de caminos mínimos. Modelar el problema de encontrar el parrafo más estético como un problema del camino más corto.

Sugerencia: Construir un grafo con n nodos, uno por cada palabra, ordenados, donde cada nodo esta conectado con todos los siguientes. El peso de cada arista es c_{ij}. La descomposicion óptima es equivalente a encontrar el camino mínimo del primero al último nodo. Cada parte del camino coincide con una línea a descomponer. La suma de los pesos de cada parte da lugar al atractivo total del parrafo. Por tanto, la longitud del camino mínimo es equivalente al tamaño del parrafo más estético.

Códigos y Árboles de Prefijo

Arthur Cayley (1821 − 1895), matemático británico, fue uno de los fundadores de la escuela británica moderna de matemáticas puras. Él fue uno de los primeros en estudiar un tipo de grafos al que se les llamó árboles, con los que buscó resolver el problema de los isómeros, que son sustancias químicas que tienen la misma fórmula química, pero que sus átomos están unidos de distinta forma. Por ejemplo, considérense dos isómeros para C_4H_{10}:

$$\begin{array}{cccc} H & H & H & H \\ | & | & | & | \\ H-C- & C- & C- & C-H \\ | & | & | & | \\ H & H & H & H \end{array} \qquad \begin{array}{ccc} & H & \\ & | & \\ H & H-C-H & H \\ \backslash & | & / \\ H-C- & C- & C-H \\ | & | & | \\ H & H & H \end{array}$$

Estas dos configuraciones tienen propiedades quimicas distintas a pesar de tener la misma formula.

Como ya hemos visto antes en teoría de grafos, un camino entre dos vértices es una sucesión de aristas dentro de un grafo, de tal manera que al recorrerlas, se llega de uno al otro. Se dice que dos vértices están conectados si existe un camino que vaya de uno al otro. Caso contrario, se dice que los vértices están desconectados. También es posible que dos vértices estén conectados por más de un camino.

Si para cualesquiera dos vértices en un grafo existe un camino que los une, decimos que el grafo es conexo. Si un camino empieza y termina en el mismo vértice, se llama ciclo. Un árbol es un grafo conexo y sin ciclos.

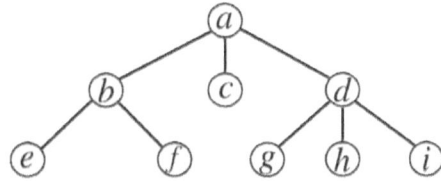

A continuación tenemos las siguientes caracterizaciones:
- Un grafo es un árbol si y sólo si es conexo y tiene la propiedad de que al eliminar una arista cualquiera, deja de ser conexo.
- Un grafo es un árbol si y sólo si no tiene ciclos y, si se le añade una arista cualquiera, se forma un ciclo.

Sea $T = (V, E)$ un árbol, donde V es su conjunto de vértices y E su conjunto de aristas. Es fácil ver que $|E| = |V| - 1$ y que por tanto:

$$\sum_{v \in V} \deg v = 2 \cdot (|V| - 1)$$

Árboles enraizados

Todo árbol no vacío puede ser dotado de un nodo llamado raíz, del que el resto de vértices derivan. La altura de un vértice en un árbol es la longitud del camino que hay desde la raíz hasta el vértice mismo. La raíz por definición tiene altura cero. Diremos que un vértice b es un hijo de un vértice a, si son adyacentes y la altura de a supera en 1 a la altura de b. Dos vértices serán hermanos si ambos son hijos del mismo vértice.

Se llama hoja o vértice terminal a aquellos nodos que no tienen ramificaciones (hijos). La altura o profundidad de un árbol es la mayor longitud de los caminos de las hojas a la raíz.

El peso de un árbol es el número de nodos del mismo. Los descendientes de un vértice en un árbol son todos los elementos del sub-árbol que tiene por raíz al vértice en cuestión. Los ancestros de un nodo serán los vértices del árbol que forman el camino del mismo hasta la raíz.

Ejemplo

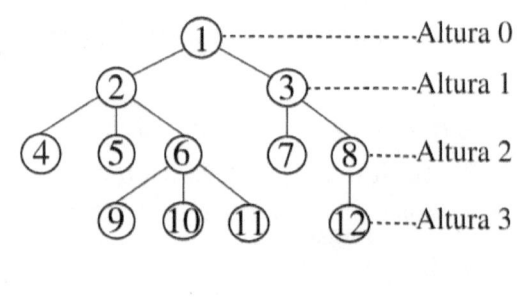

Raíz: 1
Hojas: 4,5,7,9,10,11,12
Hermanos de 4: 5,6
Hijos de 2: 4,5,6
Padre de 7: 3
Peso del árbol: 12
Altura del árbol: 3
Ancestros de 7: 3,1
Descendientes de 3: 7,8,12

Un árbol binario es un árbol en el que cada vértice tiene como máximo dos hijos. Mediante el uso de árboles binarios se puede implementar estructuras de datos para generar códigos, los cuales se pueden usar por ejemplo para comprimir datos.

Códigos de prefijo

Un alfabeto es un conjunto finito de simbolos $\Sigma = \{\alpha, \beta, ...\}$ al que llamaremos letras. A una sucesion de letras la llamaremos palabra, y a una sucesion de palabras la llamaremos mensaje. Queremos transmitir un mensaje representando cada letra de Σ por una sucesion de 0's y 1's a la que llamamos código de la letra. Dos letras distintas deben tener diferente código. Ningún código debe ser prefijo de otro código. Por ejemplo, si el código de α fuera 101 y el código de β fuera 10, entonces en el mensaje 101... no sabríamos si empieza con β o con α. Podríamos usar un espacio entre letra y letra pero entonces la codificacion tendría tres elementos: 0,1 y "espacio".

Además de evitar la condicion de que haya prefijos, queremos minimizar la longitud de los mensajes, es decir, la cantidad de 0's y 1's que contienen. Las letras con mayor frecuencia de aparición deben tener códigos más cortos. Por ejemplo, consideremos los siguientes árboles binarios:

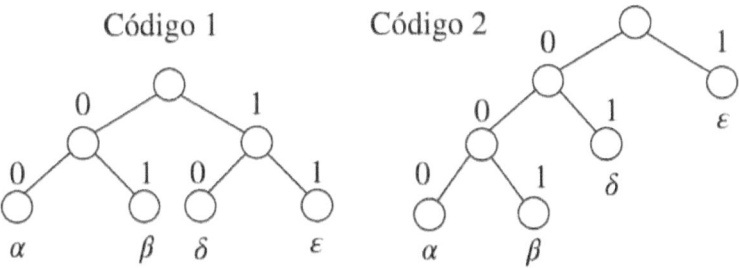

Cuyos códigos de prefijo son respectivamente:
$$\Sigma_1 = \{\alpha = 00, \beta = 01, \delta = 10, \varepsilon = 11\}$$
$$\Sigma_2 = \{\alpha = 000, \beta = 001, \delta = 01, \varepsilon = 1\}$$

Observemos que en el código 1 sería conveniente si las cuatro letras fueran igualmente frecuentes. En cambio el código 2 sería adecuado si ε fuera muy frecuente, δ fuera frecuente y α y β fueran poco frecuentes. Llamemos $f_\alpha, f_\beta, f_\delta, f_\varepsilon$ a las frecuencias relativas de las cuatro letras. Queremos que la codificacion minimice el valor esperado de la longitud de los códigos que aparecen en el mensaje, es decir, queremos minimizar:

$$f_\alpha L_\alpha + f_\beta L_\beta + f_\delta L_\delta + f_\varepsilon L_\varepsilon$$

donde $\{L_x : x \in \Sigma\}$ es la longitud del camino desde la raíz hasta la hoja x, o sea, el número de ramas que forman el camino. Para construir un tal código procederemos de la siguiente manera. Un código de prefijo es un conjunto P de cadenas binarias asociadas a un conjunto de símbolos o códigos. Diremos que un conjunto de sucesiones de carácteres es un código de prefijo, si no existe una cadena en el conjunto que sea prefijo de otra sucesión del mismo.

Ejemplo

El conjunto $\{000, 001, 01, 10, 11\}$ es un código de prefijo.

A todo código de prefijo se le puede asociar un árbol binario llamado árbol de código de prefijo. Recíprocamente, todo árbol de código de prefijo tiene asociado un código de prefijo. La elaboración de un árbol de código de prefijo para codificar una cadena de caracteres se realiza construyendo un árbol binario con raíz donde:

1. El arco de salida derecho de cada vértice se etiqueta con 1.
2. El arco de salida izquierdo de cada vértice se etiqueta con 0.
3. Las hojas del árbol están etiquetadas con los caracteres de la cadena a codificar.

Ejemplo

El árbol del código de prefijo $\{000, 001, 01, 10, 11\}$ es el siguiente:

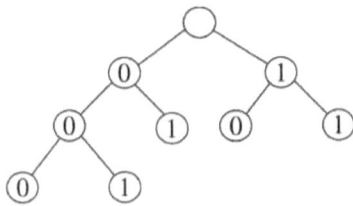

Codificación de Huffman

La codificación de Huffman es una técnica para la compresión de datos ampliamente usada por su eficacia. Esta técnica crea un árbol de código de prefijo que minimiza el valor esperado de la longitud de los códigos que aparecen en el mensaje. La manera en cómo se codifica una cadena de caracteres es la siguiente:

1. Se crean los nodos hojas del árbol con los caracteres que aparecen en la cadena a codificar, indicando en cada caso su peso o frecuencia en la misma.
2. Por cada par de nodos se crea un nodo padre, que contiene la suma de los pesos. Si algún nodo no tiene con quién sumarse, se crea un nodo padre con el peso del nodo en cuestión. El proceso se repite hasta que sólo quede el nodo raíz.

El árbol obtenido es un árbol de código prefijo, por lo que cada nodo a la izquierda tendrá asignado un 0, mientras que cada nodo a la derecha representará un 1. Las cadenas binarias que resultan del recorrido de la raíz a las hojas determinan la codificación.

Ejemplo

Vamos a comprimir la cadena de caracteres INGENIERO. Notemos que las letras se repiten con la siguiente frecuencia:

Carácter	E	G	I	N	O	R
Frecuencia	2	1	2	2	1	1

Su árbol de código de prefijo se irá construyendo como sigue a continuación:

Se crean las hojas del árbol con cada carácter que aparece en la cadena a codificar, indicando en cada caso la frecuencia con que aparecen en la misma:

Por cada par de nodos se crea un nodo padre con la suma de los pesos de los hijos:

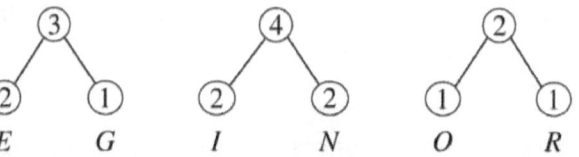

Se repite el proceso con los nodos obtenidos. En el caso de que algún nodo no tenga pareja, se crea un nodo padre con el peso del mismo:

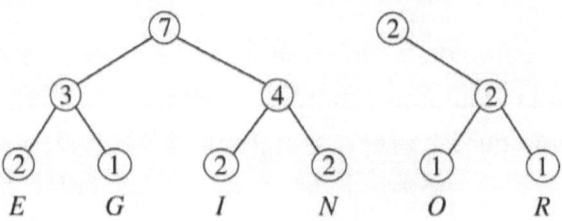

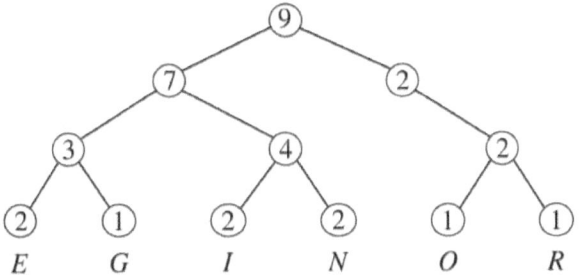

Una vez que se tiene un nodo raíz, el árbol resultante es un árbol de código de prefijo. La sucesión de la raíz a las hojas proporciona el código de cada carácter a encriptar de la cadena original:

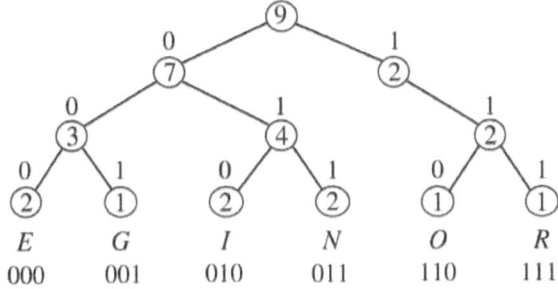

Así, una codificación de la cadena INGENIERO resulta ser:

$$P = \{E(000), G(001), I(010), N(011), O(110), R(111)\}$$

Sin embargo, la codificación no es única, pues pudimos a partir del tercer paso de nuestra codificación unir los dos nodos de la derecha en lugar de los dos de la izquierda:

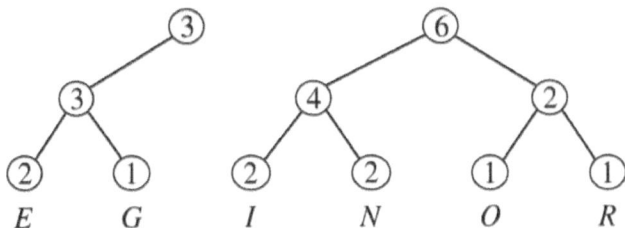

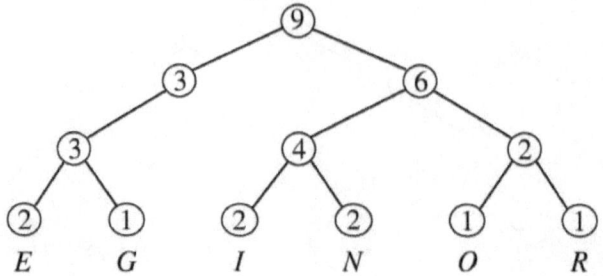

Con lo que obtendríamos el siguiente árbol de código de prefijo:

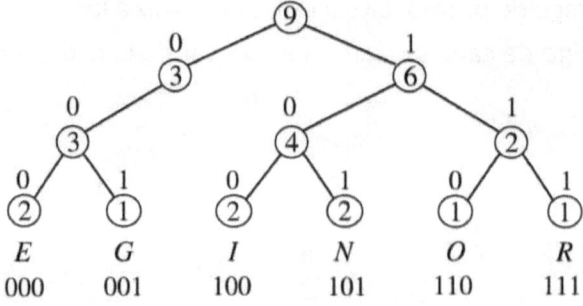

Y cuyo código de prefijo es:

$$P = \{E(000), G(001), I(100), N(101), O(110), R(111)\}$$

Ejercicios

1. Obtener los códigos de prefijo de cada uno de los siguientes árboles binarios:

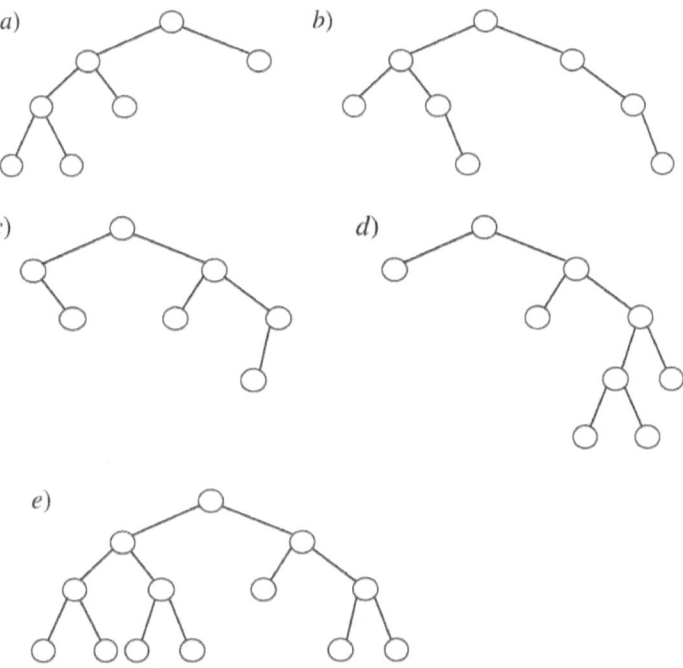

2. Mediante el siguiente árbol de código de prefijo:

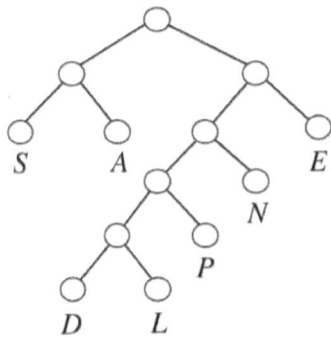

Decodificar cada una de las siguientes cadenas de caracteres:

a) 10011000111010011
   b) 0110000101
   c) 1000010101
   d) 10000110110001
   e) 1000011111001
3. Codificar las siguientes palabras usando el código de prefijo anterior:
   a) *NASA*
   b) *PANEL*
   c) *PLANE*
   d) *DANNA*
   e) *SANE*
4. Trazar los códigos de prefijo de las siguientes cadenas de caracteres:
   a) *PAPALOTE*
   b) *ETIMOLOGÍA*
   c) *ELEFANTE*
   d) *CARDENAL*
   e) *CARACTERISTICA*
5. Dados nueve puntos en el plano, se trata de unir algunas parejas de manera que el gráfico resulte un árbol. ¿Cuál es el número de trazos que se tendrán que añadir al dibujo?
6. Consideremos un grafo conexo $G = (V, A)$, donde $|V| = n$. Si $|A| \geq n$, ¿podemos afirmar que el grafo tiene algun ciclo?
7. ¿Cuál es el valor de la suma de los grados de los vértices de un árbol con n vértices?
8. (Teorema de Cayley) Demostrar que el número de árboles distintos que se pueden formar con el conjunto de vértices $\{1, \ldots, n\}$ es n^{n-2}.
9. Demostrar que la codificacion que obtiene del algoritmo de Huffman minimiza la longitud esperada del mensaje.

Árboles Generadores Mínimos

El problema del agente viajero, TSP por sus siglas en inglés (The Salesman Problem) consiste en que, teniendo un conjunto de ciudades así como el costo que representa el viajar entre ellas, un vendedor desea encontrar la ruta de costo mínimo para visitar todas las ciudades pasando sólo una vez por cada una de ellas, finalizando en la ciudad de la cual partió. Este es un problema de optimización combinatoria ampliamente estudiado, y aunque existen muchos avances, aún no hay una solución óptima. En este capítulo damos una solución parcial a una versión más débil de dicho problema.

Dado un grafo conexo G y un árbol T, se dice que T es un árbol generador de G si ambos tienen el mismo conjunto de vértices, y el conjunto de aristas de T es un subconjunto del conjunto de aristas de G.

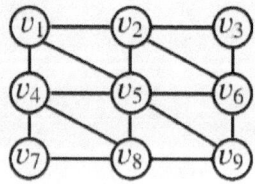 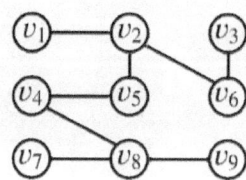

Un grafo ponderado por aristas o grafo con pesos en aristas, es un grafo G en el que a cada arista se le asigna un valor o peso. El peso de un grafo ponderado es la suma del peso de todas sus aristas.

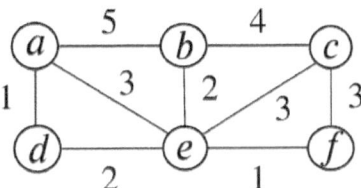

Grafo de peso por aristas 24

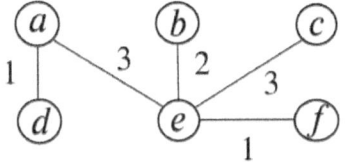

Árbol generador de G con peso por aristas 10

Un arbol generador mínimo (AGM) de un grafo ponderado por aristas G, es un árbol generador de G tal que su peso por aristas es el menor posible.

Algoritmo de Kruskal

El siguiente algoritmo permite hallar el AGM de un grafo conexo con pesos por aristas. Recibe su nombre de Joseph Kruskal, quien lo publicó por primera vez en 1956. Obsérvese que todo árbol G con n nodos tiene $n-1$ aristas.

1. Se comienza con un subgrafo tal que su conjunto de aristas es vacío, y se agregan aristas de peso mínimo, de tal manera que no se formen ciclos.
2. Se continua el proceso anterior hasta que se han agregado $n-1$ aristas

El árbol resultante es de peso mínimo

Ejemplo

El siguiente grafo ponderado siguiente tiene 8 vértices. Comenzamos seleccionando una arista de peso mínimo:

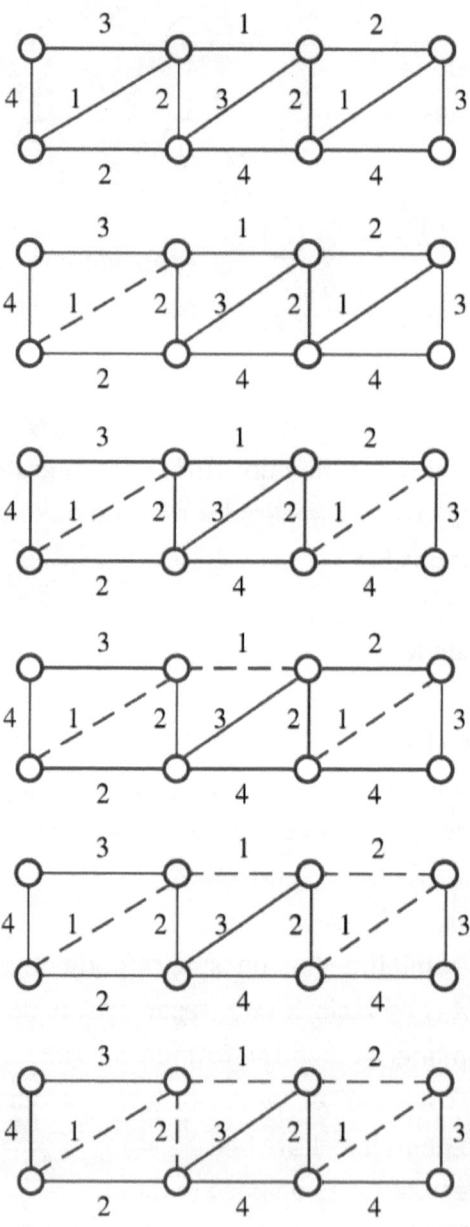

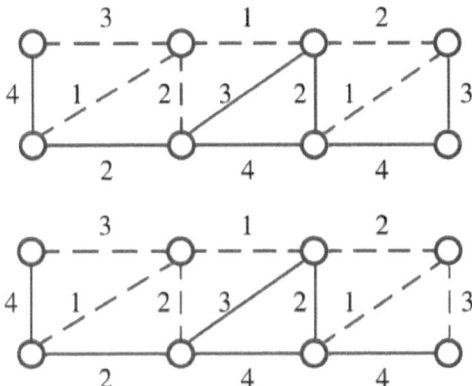

El proceso termina cuando tenemos 7 aristas. Aquí podemos ver el AGM del grafo inicial, cuyo peso es de 13:

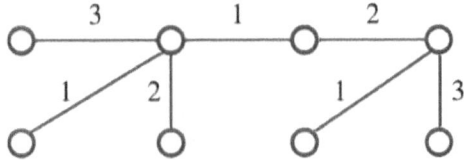

Algoritmo de Prim

Fue diseñado por el matemático Vojtech Jarnik en 1930, y posteriormente y de manera independiente por el científico computacional Robert C. Prim en 1957. El algoritmo fue redescubierto por Dijkstra en 1959. Por esta razón es también conocido como algoritmo DJP o algoritmo de Jarnick. Considérese un grafo ponderado por aristas $G = (V, E)$ con n nodos.

1. Se elige una arista e_1 de peso mínimo.
2. Agregamos otra arista e_2 de peso mínimo, que parta de alguno de los extremos de e_1.
3. Se agrega otra arista e_3 de peso mínimo que parta de alguno de los vértices de e_1 y e_2 teniendo cuidado que no se formen ciclos.

4. El proceso continúa hasta que se han seleccionado $n - 1$ aristas.

El árbol obtenido es de peso mínimo.

Ejemplo

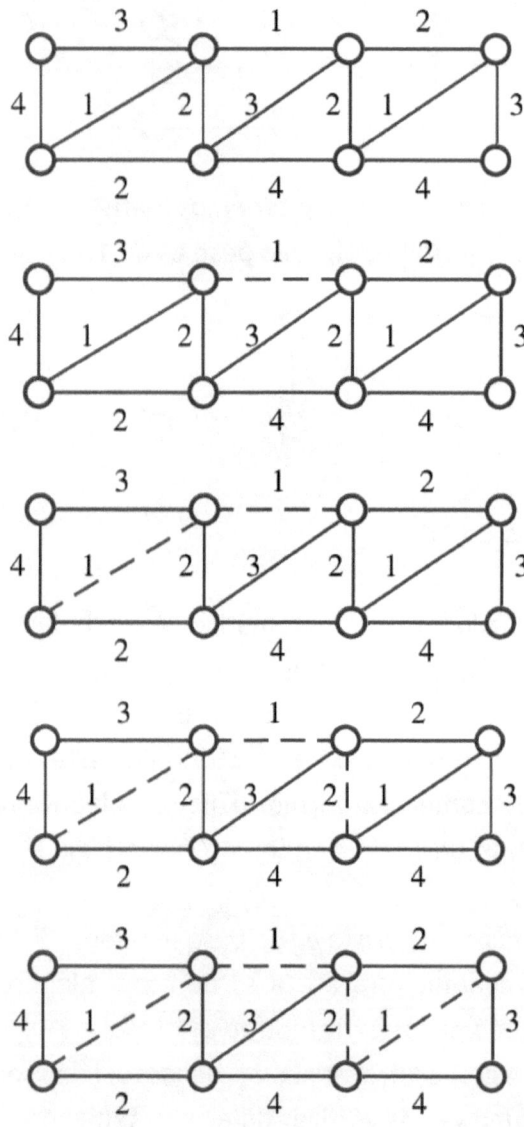

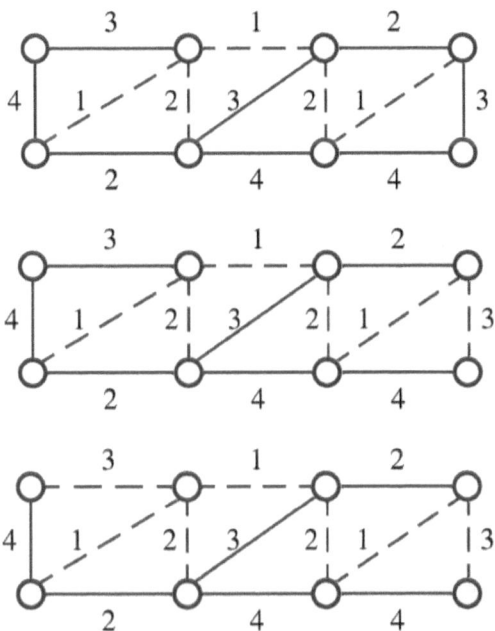

El proceso termina cuando tenemos 7 aristas. El árbol obtenido en mediante este proceso no es necesariamente igual al que se obtiene por el algoritmo de Kruskal, pero sí tienen en común que ambos son de peso mínimo, que para este grafo es de 13:

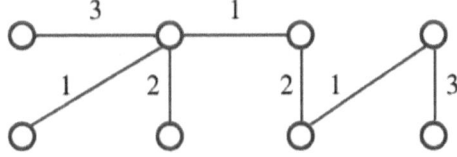

El problema del agente viajero

Como mencionamos al principio del capítulo, el problema del agente viajero (TSP) ha sido objeto de múltiples estudios. Una manera de modelarlo es construir un grafo donde los vértices representan las ciudades, y las aristas representan las rutas con sus respectivos costos o pesos. Hallar la solución a dicho planteamiento equivale a encontrar un ciclo de peso mínimo que pase por todos los vértices. Un ciclo de este tipo se conoce como un ciclo hamiltoniano.

Una versión más débil de este problema es que el viajero busque una trayectoria de costo mínimo que pase por todas las ciudades que quiere visitar sólo una vez, pero que no necesariamente tenga que regresar al punto de partida. A esto se le conoce como el problema del viajero modificado.

Algoritmo de Christofides

En el libro Graph Theory An Algorithmic Approach, Nicos Christofides describe un algoritmo para resolver el problema del agente viajero modificado encontrando un AGM de tal forma que cada vértice tenga grado menor o igual a 2.

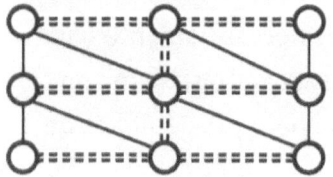
Grafo cuyo AGM tiene algunos vértices de grado mayor a 2

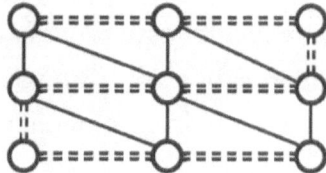
Grafo cuyo AGM tiene todos de sus vértices de grado menor o igual a 2

Para obtener una solución basándonos en el principio anterior, se debe seguir el siguiente algoritmo:

1. Se halla un AGM del grafo en cuestión. Si cada vértice tiene grado a lo más 2, entonces se tiene una trayectoria generadora y el algoritmo termina.

2. De haber vértices con grado mayor que 2, se cancela la arista de mayor peso del vértice de mayor grado asignándole un peso infinito.
3. El proceso se repite a partir de punto 1 hasta que se obtenga una trayectoria generadora.

Ejemplo

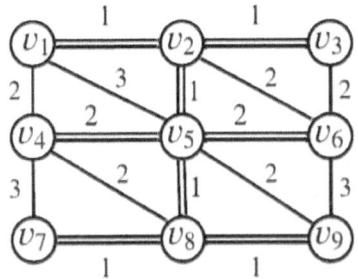

Comenzamos con un grafo conexo del cual obtenemos uno de sus AGM

Cancelamos (v_4, v_5) por ser la arista de mayor peso de v_5 que es el vértice con mayor grado del AGM

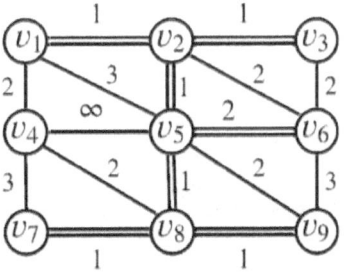

Obtenemos un AGM del grafo resultante del paso anterior

Cancelamos (v_5, v_6) por ser la arista de mayor peso de v_5 que es el vértice de mayor grado del AGM

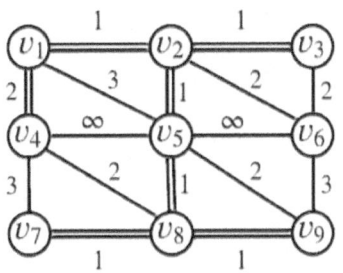

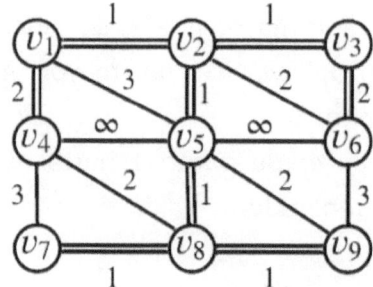

Sin pérdida de generalidad cancelamos (v_1, v_2), pues es arista de v_2, que es uno de los vértices con mayor grado del AGM

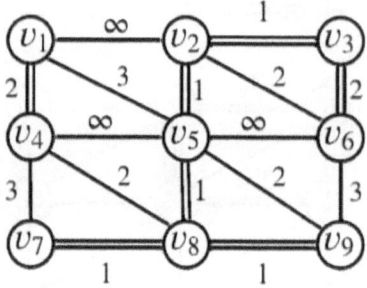

Obtenemos un AGM del grafo resultante del paso anterior

Cancelamos (v_4, v_8) por ser la arista de mayor peso de v_8 que es el vértice de mayor grado del AGM

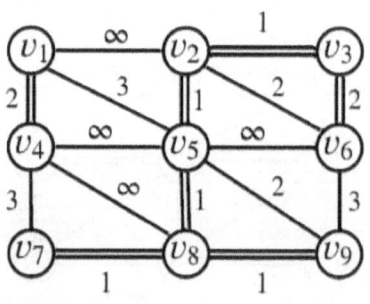

Obtenemos un AGM del grafo resultante del paso anterior

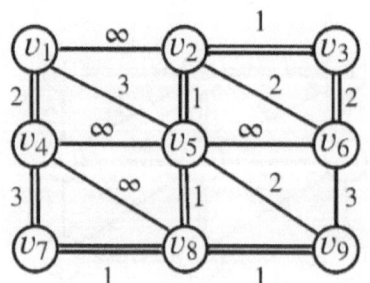

Obtenemos un AGM del grafo resultante del paso anterior

Sin pérdida de generalidad cancelamos (v_5, v_8), pues es arista de v_8, que es uno de los vértices con mayor grado del AGM

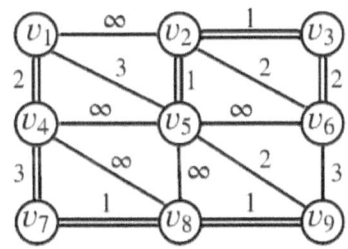

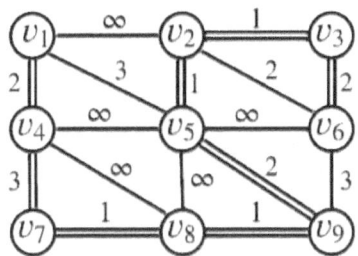

Obtenemos un AGM del grafo resultante del paso anterior

El proceso termina aquí toda vez que los vértices del AGM del grafo inicial tienen grado menor o igual a 2. El árbol generador mínimo es ahora una trayectoria de peso mínimo que pasa por todos los vértices una sola vez.

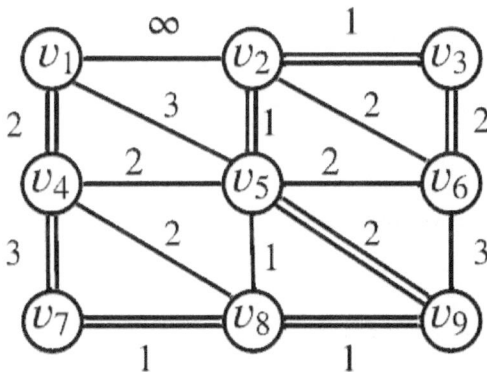

Ejercicios

1. Encontrar el árbol generador mínimo de los siguientes grafos. Utilizar tanto el algoritmo de Kruskal como el de Prim y comparar los resultados.

    a)
    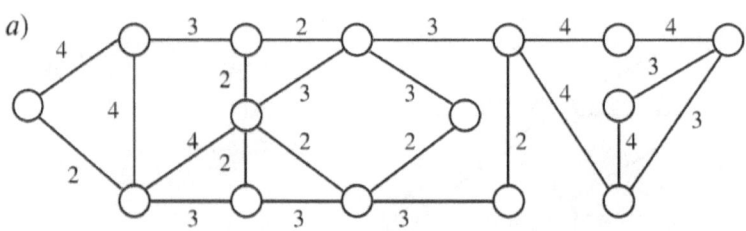

    b)
    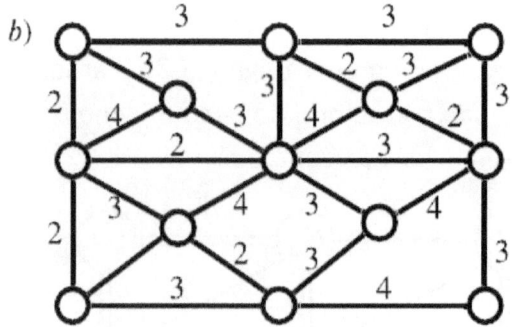

2. Si G es un grafo conexo no ponderado con n vértices, ¿cuántas aristas tendrá un árbol generador mínimo de G?
3. Los grafos intermedios que se construyen en el algoritmo de Kruskal, ¿son árboles?
4. ¿El algoritmo de Kruskal permite obtener un único árbol generador mínimo de un grafo conexo ponderado?
5. ¿Un árbol con raíz puede tener mas de una raíz?
6. En un árbol con raíz, ¿el camino que une la raíz con cada vertice es único?
7. Los siguientes grafos representan ciudades y el costo que implica viajar entre las mismas. Resolver el problema del viajero modificado en cada una de ellas, partiendo de cada

uno de los vértices marcados (dos casos por separado). Tratar de hallar la solución del problema del viajero sin modificar que parta y regrese de cada uno de los puntos marcados.

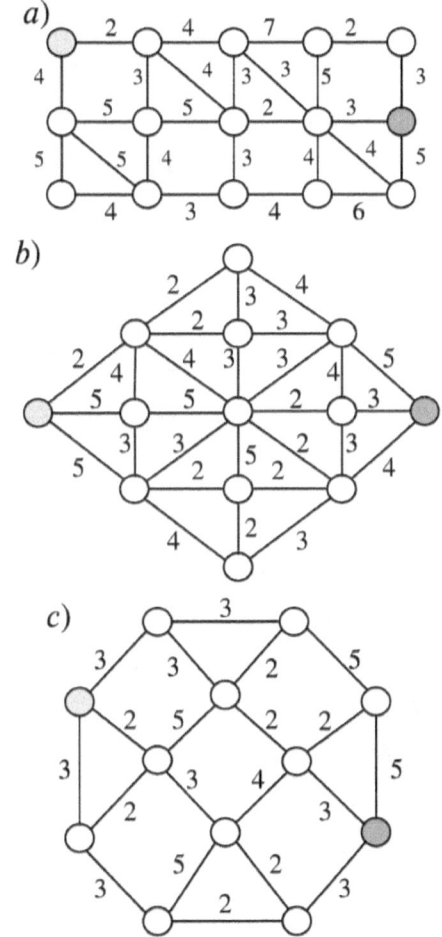

8. Un ingeniero de mantenimiento debe inspeccionar cinco estaciones de control en una planta petroquímica. Cada estación está conectada mediante tuberías y pasillos, y las distancias entre ellas (en metros) se muestran en la siguiente tabla:

Estación	A	B	C	D	E
A	–	25	35	15	30
B	25	–	20	30	40
C	35	20	–	25	10
D	15	30	25	–	20
E	30	40	10	20	–

Determinar la ruta más corta que se debe seguir para visitar las estaciones una y sólo una vez desde A hasta E.

9. En una fábirca automatizada, un robot móvil debe entregar componentes en 4 estáciones de ensamblaje. Los tiempos de desplazamiento entre estaciones (en minutos) son:

Estación	S_1	S_2	S_3	S_4
S_1	–	8	12	10
S_2	8	–	6	9
S_3	12	6	–	5
S_4	10	9	5	–

10. Un ingeniero en telecomunicaciones debe programar un drone para inspeccionar 6 antenas de transmisión ubicadas en diferentes coordenadas. La tabla de distancias (en kilómetros) es:

Antenas	A_1	A_2	A_3	A_4	A_5	A_6
A_1	–	3	5	4	7	6
A_2	3	–	2	5	6	5
A_3	5	3	–	3	4	5
A_4	4	5	3	–	3	2
A_5	7	5	4	3	–	3
A_6	6	4	5	2	3	–

¿Cuál es el recorrido más corto posible que debe de seguir el dron para inspeccionar todas las antenas saliendo de A_1 y volver a A_6?

Un árbol de búsqueda binaria es aquel que tiene sus nodos con un orden definido, de tal manera que los datos del subárbol izquierdo sean menores, y los del subárbol derecho sean mayores. Estos árboles sirven para realizar búsquedas de nodos o datos determinados utilizando métodos de búsqueda similares a los usados en arreglos. Los árboles binarios ordenados son de especial interés, pues representan una de las estructuras más importantes en la teoría de la computación.

Una tarea muy común a realizar con un árbol es ejecutar una determinada operación con cada uno de los elementos del árbol. Esta operación se considera entonces como un parámetro de una tarea más general que es la de visitar a todos los nodos o, como se denomina usualmente, recorrer el árbol. Dichas estructuras se usan para realizar diversas operaciones dinámicas en conjuntos de datos tales como búsqueda de un dato, hallar un mínimo o un máximo, Hallar un sucesor o un predecesor, inserción y eliminación de un dato. También pueden utilizarse como diccionarios y como colas de prioridad.

Árboles de búsqueda binaria (ABB)

Para formar un árbol de búsqueda binaria (ABB) a partir de una lista de datos comparables entre sí mediante alguna relación de orden, se siguen los siguientes pasos:

1. Se elige el primer elemento de la lista como la raíz del árbol.
2. A continuación, se van colocando los demás valores con el siguiente criterio: si el dato es menor que el del nodo precedente, se coloca en un nodo hijo a la izquierda. Si el dato es mayor al del nodo precedente, se coloca en un nodo hijo a la derecha.

Ejemplo

Crear el ABB de la lista {7,8,3,0,1,4,7,6,3,10,15,9}.

Solución

⑦ El primer dato es la raíz del ABB

Se agrega el 8, que por ser mayor o igual que el 7 va a la derecha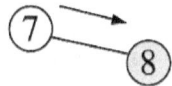

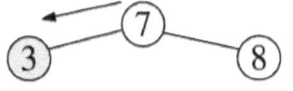 Se agrega el 3, que por ser menor que el 7 va a la derecha

Se agrega el 0 por ser menor que el 7 y el 3 va a la izquierda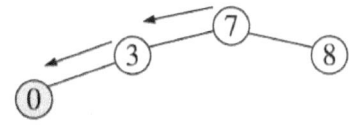

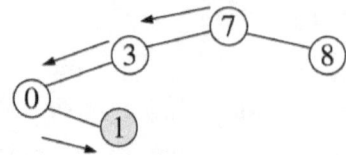
Se agrega el 1, que por ser mayor que el 0 va a la derecha de este

Se agrega el 4, que se compara con el 7 y con el 3
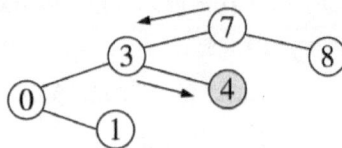

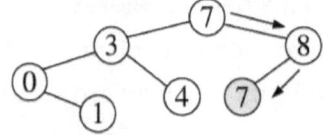
Se agrega el 7, que se compara con el 7 y con el 8

Se agrega el 6, que se compara con el 7, con el 3 y con el 4
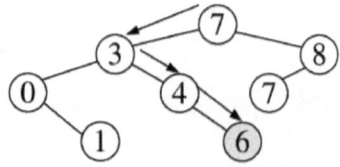

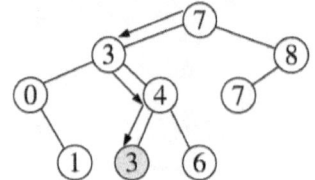
Se agrega el 3, que se compara con el 7, con el 3 y con el 4

Se agrega el 10, que se compara con el 7 y con el 8
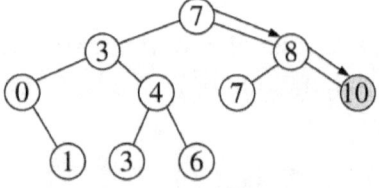

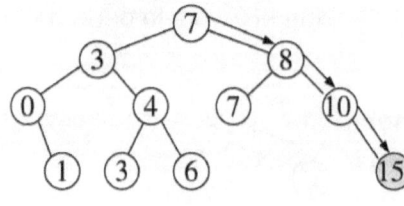
Se agrega el 15, que se compara con el 7 y con el 8, con el 10

Se agrega el 9, que se compara con el 7 y con el 8, con el 10 con el 10

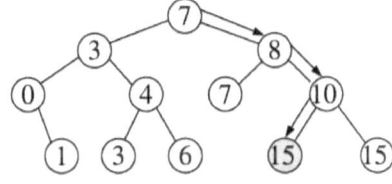

Recorridos de árboles binarios

En las ciencias de la computación, el recorrido de un árbol binario se refiere al proceso de visitar de una manera sistemática exactamente una vez cada nodo. Las estructuras de datos lineales como las listas enlazadas y arreglos unidimensionales tienen un método canónico de recorrido de los datos que almacenan. En cambio, la estructura de árbol puede ser recorrida de maneras diferentes. Tales recorridos están clasificados por el orden en el cual son visitados los nodos. Se distinguen dos tipos de recorridos: recorridos en anchura y recorridos en profundidad.

Recorrido en anchura

Los árboles también pueden ser recorridos en orden por nivel (de nivel en nivel), donde se visita cada nodo en un nivel antes de ir a un nivel inferior, lo cual es llamado recorrido en anchura.

Sea $G = (V, A)$ un grafo conexo, $V' = V$ un conjunto de vértices, A' un conjunto de aristas inicialmente vacío y P un conjunto auxiliar de aristas inicialmente vacío. El algoritmo para este tipo de recorrido es el siguiente:

1. Se introduce el vértice inicial en P y se elimina del conjunto.
2. Mientras V' no sea vacío repetir los puntos 3 y 4. En otro caso parar.
3. Se toma el primer elemento de P como vértice activo.

4. Si el vértice activo tiene algún vértice adyacente que se encuentre en V':
   - Se toma el de menor índice.
   - Se inserta en P como último elemento.
   - Se elimina de V'.
   - Se inserta en A' la arista que le une con el vértice activo.

   Si el vértice activo no tiene adyacentes se elimina de P.

Ejemplo

Recorrer el siguiente árbol en anchura:

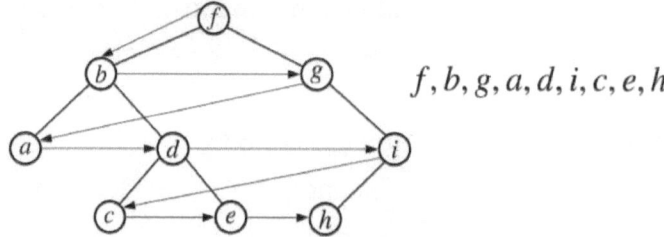

$f, b, g, a, d, i, c, e, h$

Recorridos en profundidad

Los tres tipos principales de recorrido en profundidad son inorden, postorden y preorden. A continuación damos los algoritmos para llevar a cabo cada uno de ellos:

Recorrido en preorden (raíz, izquierdo, derecho)

Para recorrer un árbol binario no vacío en preorden, hay que realizar las siguientes operaciones:
1. Visitar la raíz
2. Atravezar el sub-árbol izquierdo
3. Atravezar el sub-árbol derecho

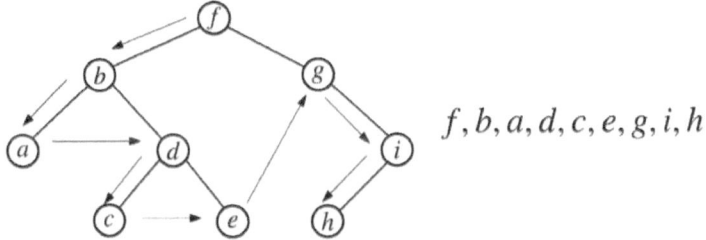

$f, b, a, d, c, e, g, i, h$

Básicamente, se comienza primero por los padres.

Ejemplo

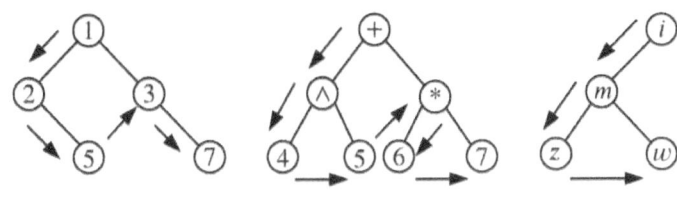

1,2,5,3,7   +,∧,4,5,*,6,7 i, m, z, w

Recorrido en inorden (izquierdo, raíz, derecho)

Para recorrer un árbol binario no vacío en inorden hay que realizar las siguientes operaciones:

   a) Atravezar el subárbol izquierdo
   b) Visitar la raíz
   c) Atravezar el subárbol derecho

Básicamente, se comienza por el hijo izquierdo, después el padre, y finalmente el hijo derecho:

$a, b, c, d, e, f, g, h, i$
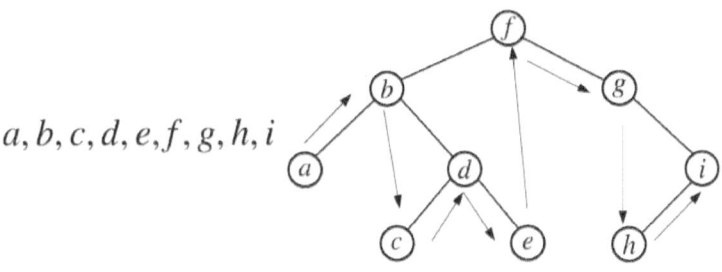

Ejemplo

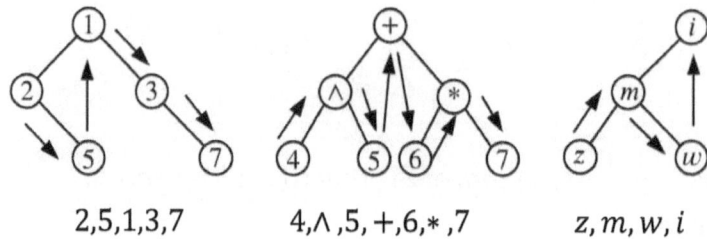

2,5,1,3,7　　　4,∧,5,+,6,∗,7　　　z,m,w,i

Recorrido en postorden (izquierdo, derecho, raíz)

Para recorrer un árbol binario no vacío en postorden, hay que realizar las siguientes operaciones:
a) Atravezar el sub-árbol izquierdo
b) Atravezar el sub-árbol derecho
c) Visitar la raíz

Básicamente, se comienza por los hijos:

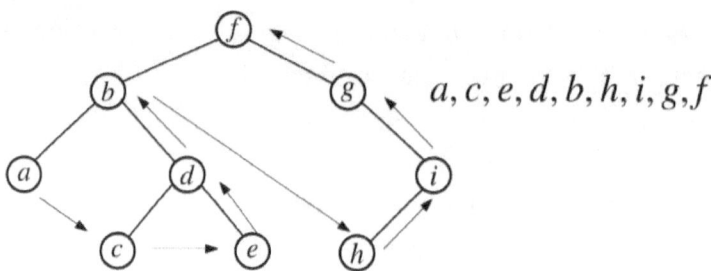

$a, c, e, d, b, h, i, g, f$

Ejemplo

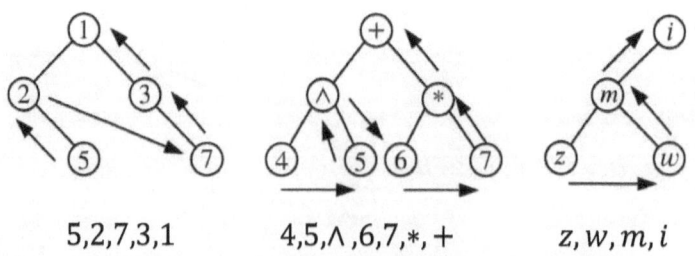

5,2,7,3,1　　　4,5,∧,6,7,∗,+　　　z,w,m,i

Construcción de un árbol binario a partir de sus recorridos

Con frecuencia se requerirá reconstruir un árbol binario partiendo de los recorridos que se han hecho del mismo. A continuación mostramos este proceso.

Ejemplo

Reconstruir el árbol binario asociado a los siguientes recorridos:
- Preorden: $A, B, D, G, H, K, L, C, E, I, F, J, M$
- Inorden: $G, D, K, H, L, B, A, E, I, C, F, J, M$

Solución

Con esta información se procede a construir una tabla con los elementos de las listas de tal forma que en la parte de arriba vaya la ordenación en indorden y en un costado la ordenación en preorden. Acto seguido se marcan las casillas donde cada nodo se intersecta a sí mismo:

	G	D	K	H	L	B	A	E	I	C	F	J	M
A							■						
B						■							
D		■											
G	■												
H				■									
K			■										
L					■								
C										■			
E								■					
I									■				
F											■		
J												■	
M													■

El nodo más alto en la tabla se conecta con el nodo que le sigue en altura tanto a su derecha como a su izquierda, pero teniendo cuidado de no rebasar la vertical del nodo en cuestión:

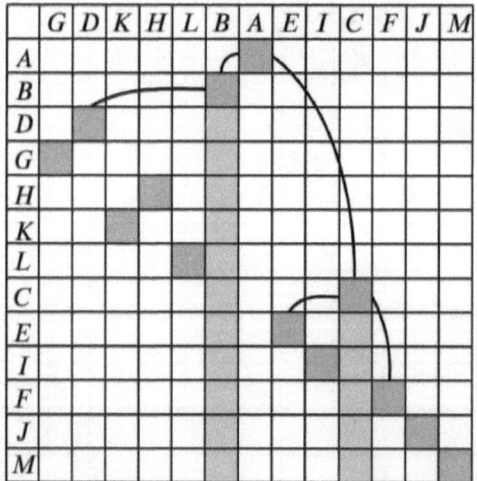

Se continua con cada uno de los nodos recien unidos:

Hasta unirlos a todos:

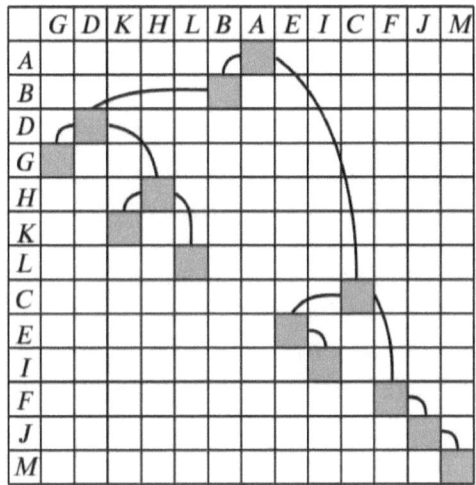

Cada nodo se sustituye por el elemento que le corresponde:

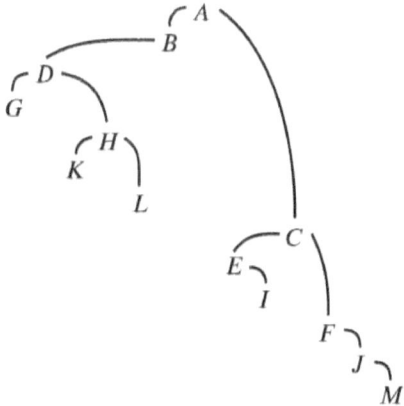

Esto reconstruye el árbol binario original.

Se puede reconstruir un árbol binario a partir de sus recorridos en inorden y postorden con un procedimiento similar al anterior, sólo que en este caso la escritura de los nodos a un lado de la tabla se escribirán en sentido contrario del de la lista dada en postorden.

Ejercicios

1. Construir el *ABB* de las siguientes listas y recorrerlos en preorden, inorden, postorden y en anchura:
   a) 50, 25, 75, 10, 40, 60, 90, 35.
   b) 10, 75, 34, 22, 64, 53, 41, 5, 25,.
   c) 0, 75, 34, 22, 64, 53, 41, 5, 20.
   d) $a, e, i, a, u, o, i, o, u$
   e) $a, x, y, z, m, n, t, o, p, q, b$.
2. Dar el recorrido de los siguientes árboles binarios en inorden, en preorden, postorden y en anchura.

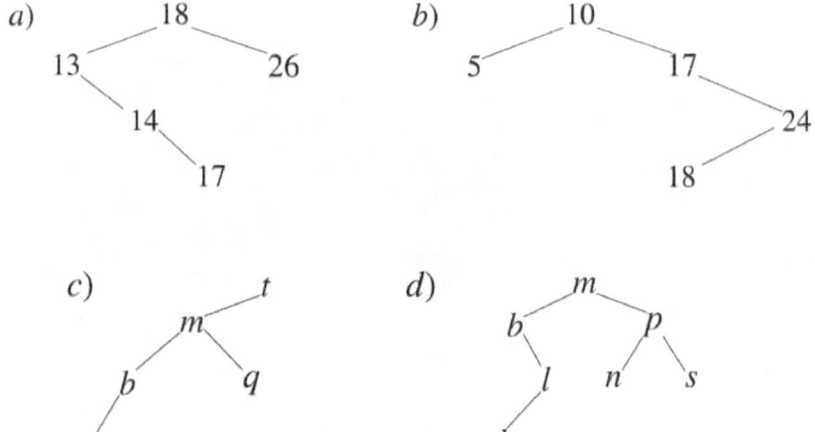

3. Considerar las siguientes listas de datos obtenidas a partir del recorrido de un árbol de búsqueda binario recorrido en preorden (raíz → izquierda → derecha):
   a) 50, 30, 20, 40, 70, 60, 80. Recuperar el árbol de búsqueda binaria correspondiente.
   b) 40, 25, 10, 30, 60, 50, 70. Dibujar el árbol y verificar que su recorrido inorden sea creciente.
   c) 100, 90, 80, 85, 120, 110, 130. Construir el árbol y determinar el recorrido en postorden.

d) 45, 20, 10, 25, 70, 60, 80, 75. Dibujar el árbol y señalar los nodos hoja.
e) 35, 15, 10, 20, 50, 40, 60. Reconstruir el árbol e indicar cuál sería el orden inorden resultante.

4. Dado el recorrido inorden, analizar qué características puede tener el árbol o deducir parte de su estructura (no se puede reconstruir unívocamente sin otro recorrido).
    a) 10, 20, 30, 40, 50, 60, 70. ¿Qué tipo de árbol de búsqueda binario produce este recorrido si todos los nodos se insertan en este orden?
    b) 12, 18, 25, 30, 35, 40, 50, 60. Si el nodo raíz es 35, reconstruir un posible árbol de búsqueda binario.
    c) 8, 10, 12, 15, 18, 20. Si el recorrido en preorden fue 15, 10, 8, 12, 20, 18, verificar si ambos recorridos corresponden al mismo árbol.
    d) 9, 14, 19, 22, 25, 30, 35. Si el recorrido en postorden fue 9, 19, 14, 25, 35, 30, 22, reconstruir el árbol original.

5. ¿Pude reconstruirse de forma única un ABB dado sólo su inorden? ¿Y dados sólo el preorden o el postorden?.

Los árboles de expresión son árboles binarios que se utilizan para almacenar en la memoria de una computadora expresiones lógicas, aritméticas, o algebraicas. Este proceso lo realizan los compiladores de los lenguajes de programación. Para construir el árbol de expresión de un enunciado matemático, es importante tomar en cuenta la jerarquía de las operaciones involucradas. En el caso de las operaciones aritméticas, el orden en que se realizan éstas es el siguiente:

1. Potencias y raíces
2. Múltiplicaciones y divisiones
3. Sumas y restas

Sin embargo, los paréntesis forzan el orden de dichas operaciones. En la construcción de un árbol de expresión es importante recordar que las operaciones aritméticas son, en general, binarias, por lo que tienen siempre dos operandos.

En cada nuevo vértice se agrega el primer operando, siempre como hijo izquierdo, y luego el segundo operando, siempre como hijo derecho.

Ejemplo

Construir el árbol de la expresión $\dfrac{a+b}{[z\cdot(x-y)]}$

Solución

La operación con más jerarquía es la división /, por lo que se agrega como nodo raíz:

Este nodo tendrá por hijo izquierdo a $(a + b)$, cuya operación binaria es la suma +, que se agrega como hijo izquierdo:

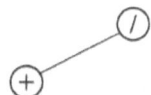

El hijo derecho es $[z \cdot (x - y)]$, cuyo primer operador en jerarquía es el de la multiplicación, por lo que se le agrega como hijo derecho:

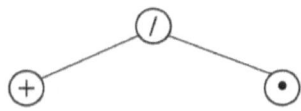

El operador de suma une a los operando a y b:

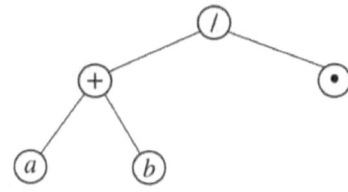

El operador de multiplicación tiene por operandos a z y a $(x-y)$, sin embargo éstos dos últimos están relacionados mediante el operador de sustracción:

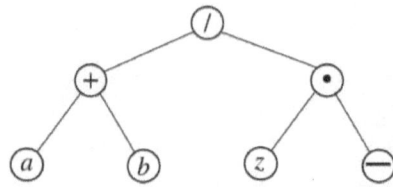

Finalmente se agregan los operandos relacionados por la sustracción:

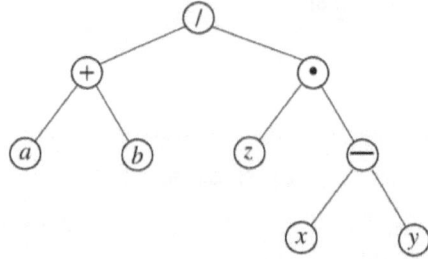

Las computadoras personales y las calculadoras comunes utilizan el recorrido inorden, lo que se denomina como notación infija, para evaluar las expresiones, lo mismo que lo hacemos los seres humanos. El recorrido preorden también se conoce como notación polaca. El recorrido en postoden se llama también notación polaca inversa o postfija.

Algunos compiladores y algunas calculadoras como por ejemplo las Hewlet Packard™, evalúan las expresiones en postorden, donde el operador aparece después de sus operandos. Por ejemplo, $AB/$ indica que A debe dividirse entre B.

Observese que la notación postfija tiene ventajas sobre la notación infija, debido a que la notación postfija no necesita paréntesis, ni tiene que predeterminar un orden de prioridad para sus operadores (lógicos o aritméticos). Gracias a eso, una expresión se evaluará sin ambigüedad.

Ejemplo

La expresión $(a + b)/(z \cdot (x - y))$ tiene por árbol de expresión a:

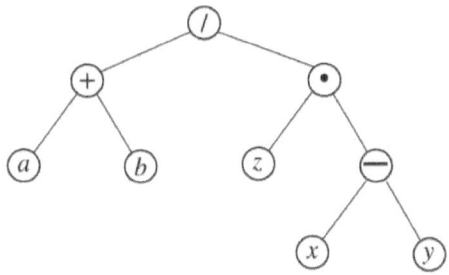

cuyo recorrido en postorden es $ab + zxy - \cdot /$

Ejemplo

La expresión $A + \left(B \cdot \left(-(C + D)\right)\right)$ tiene asociada el árbol binario de expresión:

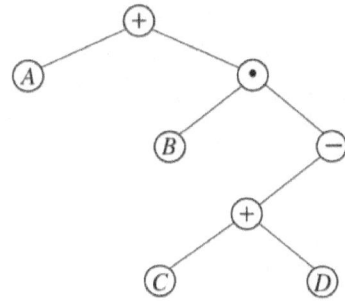

y su recorrido en Postorden es $ABCD + - \cdot +$

Árboles binarios equilibrados o AVL

La idea asociada a la eficiencia en la búsqueda de un elemento es la de árbol equilibrado. Intuitivamente, esto quiere decir que no tiene que haber ramas del árbol que sean mucho más largas que otras, o que el número de niveles no sea demasiado grande para el número de nodos existentes, o que haya desproporción de elementos de una rama con respecto a otra. Supongamos que deseamos construir un ABB para la lista de datos
$$\{2,5,4,3,1,9,8,6,7\}$$
El árbol resultante es el siguiente:

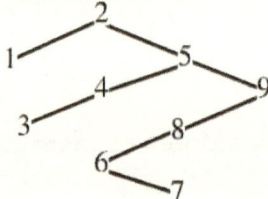

Un árbol así tiene características muy pobres para la búsqueda. Los ABB funcionan bien para una amplia variedad de aplicaciones, pero tienen el problema de que la eficiencia en sus algoritmos es baja.

Diremos que un árbol binario está equilibrado en el sentido de Addelson-Velskii y Landis, si para cada uno de sus nodos las alturas de sus dos subárboles difieren como mucho en 1. Los árboles que cumplen esta condición son denominados árboles AVL. El árbol anterior no es AVL, pero puede ser reescrito de una manera que sí lo es:

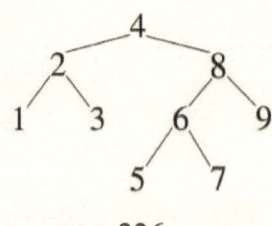

Ambos dos árboles corresponden a la misma lista, sólo que el segundo está balanceado y el primero no. A continuación daremos algunas de las operaciones permitidas para balancear un *ABB*: rotación simple a la derecha, rotación simple a la izquierda, rotación doble izquierda-derecha, y rotación doble derecha-izquierda.

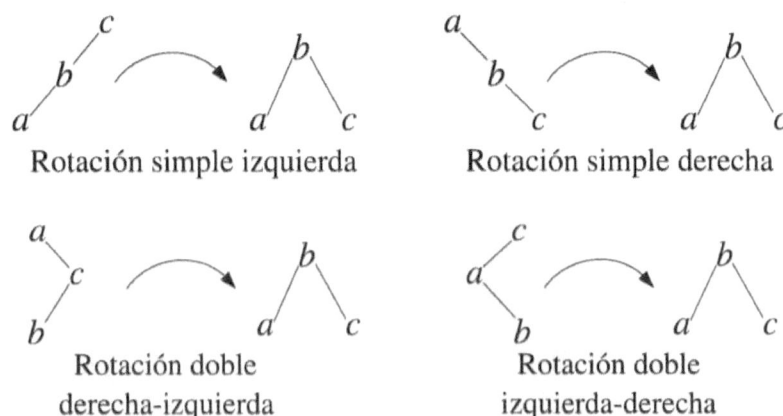

Vamos a construir el *ABB* de la lista de datos inicial {2,5,4,3,1,9,8,6,7} de manera que también sea *AVL* mediante estas operaciones.

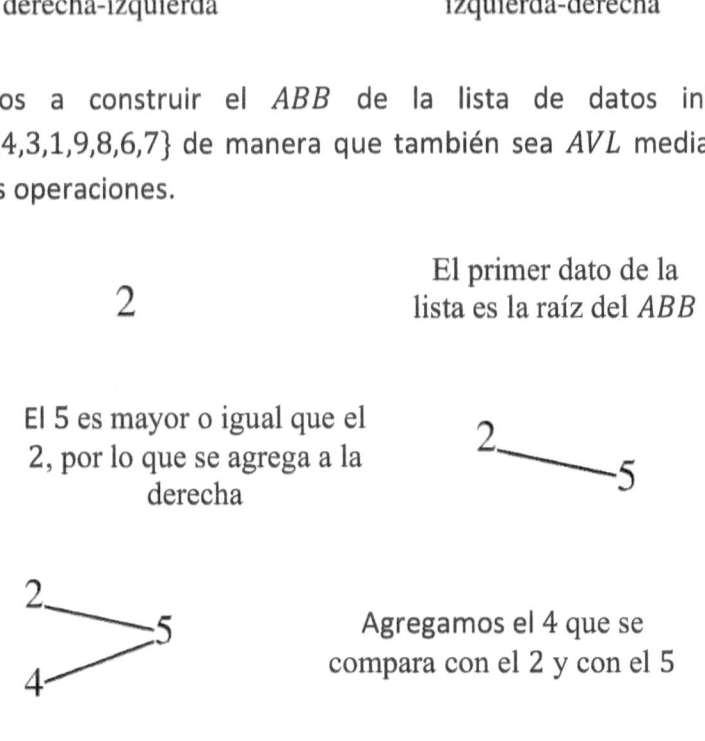

El subárbol derecho con raíz en el nodo 2 supera a su subárbol izquierdo en dos unidades, por lo que efectuamos una rotación doble derecha-izquierda

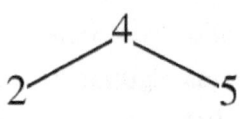

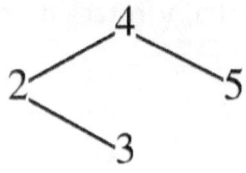

Agregamos el 3, que se compara con el 4 y con el 2

Agregamos el 1, que se compara con el 4 y con el 2

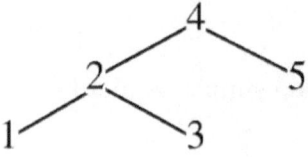

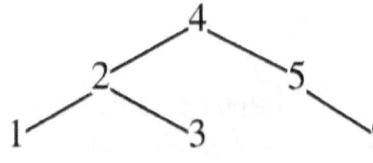

Agregamos el 9, que se compara con el 4 y con el 5

Agregamos el 8, que se compara con el 4, con el 5 y con el 9

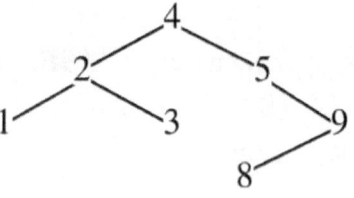

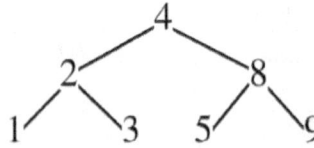

El subárbol derecho con raíz en 5 supera en altura al subárbol izquierdo en dos unidades, por lo que aplicamos una rotación doble derecha-izquierda

Agregamos el 6, que se compara con el 4, con el 8 y con el 5

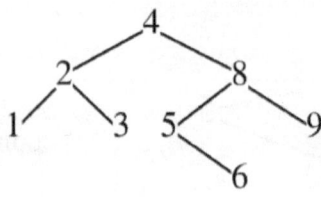

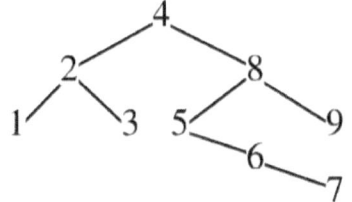

Agregamos el 7, que se compara con el 4, con el 8, con el 5 y con el 6

El subárbol derecho con raíz en 5 supera en altura al subárbol izquierdo en dos unidades, por lo que aplicamos una rotación simple derecha-izquierda

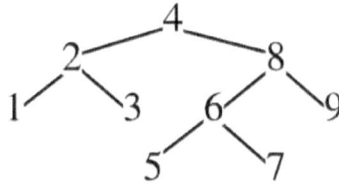

Así, el árbol resultante es ABB y también es AVL:

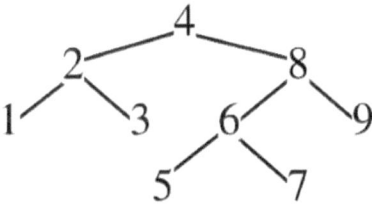

Ejercicios

1. Construir el *AVL* de las siguientes listas y recorrerlos en Preorden, Inorden, Postorden, y en anchura:
   a) $50, 25, 75, 10, 40, 60, 90, 35$
   b) $10, 75, 34, 22, 64, 53, 41, 5$
   c) $a, e, i, f, u, o, h, l, m$
   d) $a, x, y, z, m, n, t, o, p, q, b$
2. Crear el *AVL* de las siguientes expresiones:
   $$2 + 3 \times 2,\ 8/2 + 1, 5 \times 3 - 4,\ (9 - 3) \times 2,\ 20/5$$
   Evaluar cada expresión considerando la jerarquía de operaciones.
3. Dadas las siguientes expresiones aritméticas, trazar su árbol de expresión, y dar sus notaciones infija y postfija:
   a) $a \cdot (b + b \cdot c)$
   b) $a - (b + c \cdot d)$
   c)
   $$\frac{a - b}{[(b + c) \cdot d]}$$
   d)
   $$\left[\frac{a \cdot b}{b + c}\right]^3$$
   e)
   $$\sqrt{\frac{a}{b + c}}$$
   f)
   $$\sqrt[3]{\frac{a \cdot b}{b + c}}$$
   g)
   $$\frac{a - b}{[(b + c) \cdot d]} \cdot \sqrt{\frac{a}{b - c}}$$
   h)

$$\frac{\frac{1}{-2}+\frac{2}{3}}{3\cdot(2-3)}$$

4. Determinar el valor de las expresiones siguientes, dadas en Postorden, si $a = 1, b = 2, c = 3$, y $d = 4$:
   a) $abc + -$
   b) $ab + cd \cdot aa/-b \cdot$
   c) $abab \cdot {\wedge} \cdot cbd +/-$
   d) $adbcb \cdot - + \cdot$
5. Cada una de las siguientes expresiones representan un árbol binario con recorrido en postorden:
   a) $ABC/-$
   b) $ABC \cdot\cdot CDE +/-$
   c) $AB + CD/AA \cdot -B/$
   d) $ABC/ \cdot CDE + \cdot -$
   e) $ABC \cdot\cdot ABC + \pm$

   Escribirlas en preorden e inorden.

Un árbol de decisión es un grafo que muestra todos los posibles resultados de una serie de toma de decisiones que están relacionadas. Se utiliza para comparar posibles costos y beneficios, y son útiles para trazar un algoritmo que anticipe matemáticamente la mejor opción. En este capítulo veremos algunos de los fundamentos de los árbles de decisión. Utilizaremos herramientas de probabilidad, que si bien es una rama de la matemática continua, nuestro enfoque será discreto.

Nociones de probabilidad

La probabilidad es la parte de las matemáticas que se encarga del estudio de los fenómenos o experimentos aleatorios. Por experimento aleatorio se entiende a todo experimento que cuando se le repite bajo las mismas condiciones, no siempre arroja el mismo resultado. El ejemplo clásico de un experimento aleatorio es el de lanzar una moneda o un dado.

En un experimento aleatorio nunca se sabe cuál será el resultado que se obtendrá, por lo que será necesario agrupar todos los resultados posibles en un un conjunto llamado espacio muestral, al que se denota generalmente por la letra griega Ω. Llamaremos evento a cualquier subconjunto de Ω.

Ejemplo

Consideremos el experimento aleatorio de lanzar un dado y observar el número que aparece en la cara superior. El espacio muestral es el conjunto:
$$\Omega = \{1, 2, 3, 4, 5, 6\}$$
Un posible evento para este experimento es el conjunto $A = \{2, 4, 6\}$, que corresponde al suceso de obtener un número par.

La probabilidad de un evento A es un número en el intervalo $[0, 1]$ al que denotaremos por $P(A)$, y representa una medida de la frecuencia con la que se observa la ocurrencia del evento A cuando se efectúa el experimento aleatorio en cuestión. Si Ω es un espacio muestral de cardinalidad finita y A es un evento, se define la probabilidad clásica de A como el cociente:
$$P(A) = \frac{|A|}{|\Omega|}$$
Para que esta fórmula tenga sentido el espacio Ω debe ser equiprobable, es decir, que todos los eventos formados por un solo elemento de Ω tengan la misma probabilidad de ocurrencia.

Ejemplo. Para el espacio muestral $\Omega = \{1, 2, 3, 4, 5, 6\}$, calcular la probabilidad del evento A correspondiente a obtener un número par, es decir, la probabilidad de $A = \{2, 4, 6\}$.
Solución

$$P(A) = \frac{|A|}{|\Omega|} = \frac{3}{6} = \frac{1}{2}$$

Los siguientes postulados o axiomas fueron establecidos en 1933 por el matemático ruso A. N. Kolmogorov. Sean A y B eventos de un espacio muestral. Entonces siempre se cumple que:
1. $P(A) \geq 0$
2. $P(\Omega) = 1$
3. $P(A \cup B) = P(A) + P(B)$ si $A \cap B = \emptyset$.

A cualquier función P que satisfaga los tres axiomas de Kolmogorov se le llama medida de probabilidad o simplemente, probabilidad. Una consecuencia de estos axiomas es la siguiente:

Sean A y B eventos de un espacio muestral Ω. Siempre se cumplen los siguientes resultados:
1. $P(A^c) = 1 - P(A)$.
2. $P(\emptyset) = 0$.
3. Si $A \subseteq B$, entonces $P(A) \leq P(B)$.
4. Si $A \subseteq B$, entonces $P(A - B) = P(A) - P(B)$.

Se dice que dos eventos A y B son independientes si se cumple la condición $P(A \cap B) = P(A) \cdot P(B)$.

Ejemplo

En una caja hay 10 canicas, de las cuales 2 son verdes, 4 azules y 4 blancas. Se van a escoger dos canicas al azar, una primero y otra después. Hallar la probabilidad de que ninguna de ellas sea azul bajo las siguientes condiciones:
a) Con reemplazo, es decir, regresando a la caja la primera canica antes de la segunda selección.
b) Sin reemplazo, de tal forma que la primera canica extraída queda fuera de la caja al momento de hacer la segunda selección.

Solución

Los eventos son independientes, ya que la canica extraída se regresó a la caja y el primer evento no influye en la probabilidad de ocurrencia del segundo.

a) Denotemos por A al evento de que la canica extraída sea azul, por B al evento que la canica sea blanca, y por V al evento que la canica extraída sea verde. De acuerdo a la definición clásica de probabilidad tenemos que:

$$P(A) = \frac{4}{10} = \frac{2}{5}$$
$$P(B) = \frac{4}{10} = \frac{2}{5}$$
$$P(V) = \frac{2}{10} = \frac{1}{5}$$

La probabilidad de que la primera canica extraída no sea azul es equivalente a calcular la probabilidad del evento complementario de A, es decir, es igual a:

$$P(A^c) = 1 - A = 1 - \frac{2}{5} = \frac{3}{5}$$

Esto es equivalente a calcular la probabilidad de que la canica extraída sea verde o blanca:

$$P(V \cup B) = P(V) + P(B) = \frac{2}{10} + \frac{2}{5} = \frac{6}{10} = \frac{3}{5}$$

b) Si se regresa la canica extraída, todo vuelve a estar como antes. En esta segunda extracción también hay 3/5 de probabilidad de que la canica extraída no sea azul:

$$P(A^c \cap A^c) = P(A^c) \cdot P(A^c) = \frac{3}{5} \cdot \frac{3}{5} = \frac{9}{25}$$

Árboles de decisión

En todo árbol de decisión hay tres tipos diferentes de nodos: nodos de probabilidad, nodos de decisión, y nodos terminales. Los nodos terminales muestran el resultado definitivo de una ruta de decisión. Los árboles de decisión también se pueden dibujar como diagramas de flujo.

A continuación se muestran los símbolos más comunmente utilizados al momento de diseñar un árbol de decisión:

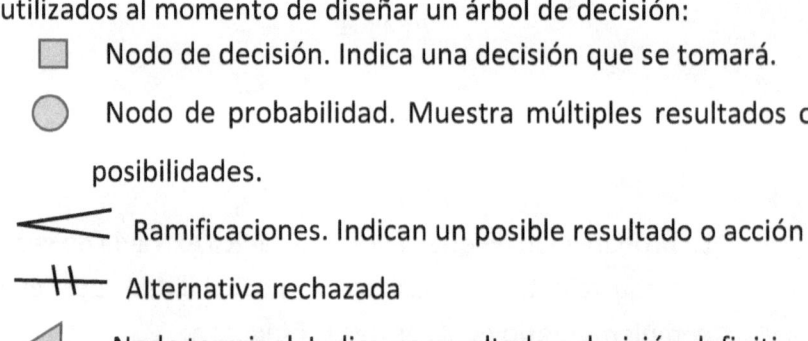

- ☐ Nodo de decisión. Indica una decisión que se tomará.
- ○ Nodo de probabilidad. Muestra múltiples resultados o posibilidades.
- ⋖ Ramificaciones. Indican un posible resultado o acción
- ―╫― Alternativa rechazada
- ◁ Nodo terminal. Indica un resultado o decisión definitiva.

Para dibujar un árbol de decisión se sugiere seguir los siguientes pasos:

a) Comenzar con la decisión principal. Dibujar un recuadro para representar este punto. Luego dibujar una línea desde el recuadro hacia la derecha para cada posible solución o acción.

b) Agregar nodos de decisión y probabilidad del siguiente modo:
- Si otra decisión es necesaria, dibujar otro recuadro.
- Si el resultado es incierto, dibujar un círculo (los círculos representan nodos de probabilidad).
- Si el problema está resuelto, déjarlo en blanco (por el momento).

c) Desde cada nodo de decisión dibujar soluciones posibles. Desde cada nodo de probabilidad dibujar líneas que representen los resultados posibles. Si se desea analizar opciones de forma numérica, incluir la probabilidad de cada resultado y el costo de cada acción.

d) Continúar con la expansión hasta que cada línea alcance un extremo, lo que significa que no hay más decisiones que tomar o resultados probables que considerar. Luego, asignar un valor a cada resultado posible. Puede ser una puntuación abstracta o un valor financiero.

Al calcular la utilidad o el valor esperado de cada decisión en el árbol, se puede minimizar el riesgo y maximizar la probabilidad de obtener un resultado deseado.

Para calcular la utilidad esperada de una decisión, solo se debe restar el costo de esa decisión a los beneficios esperados. Los beneficios esperados son iguales al valor total de todos los resultados que puedan derivar de esa decisión, y cada valor se multiplica por la probabilidad de que ocurra.

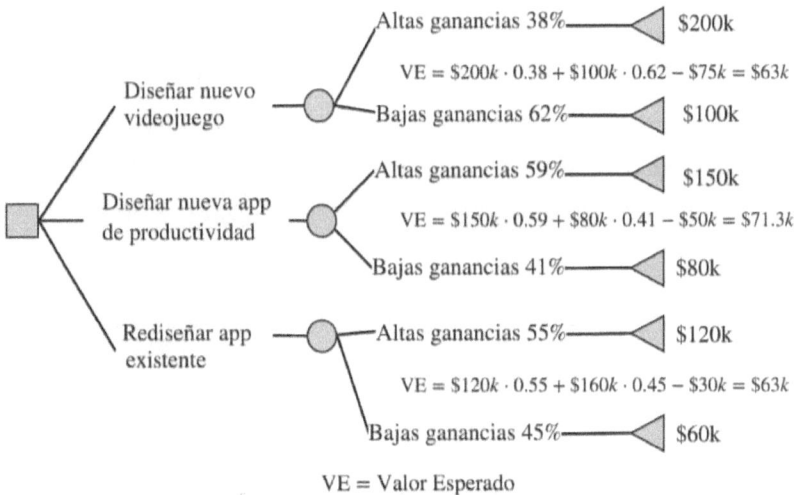

Minería de datos y aprendizaje automatizado

Un árbol de decisión también puede usarse para ayudar a crear modelos predictivos automatizados, que puedan emplearse en el aprendizaje automático, la minería de datos y las estadísticas. Conocido como el aprendizaje basado en árboles de decisión, este método toma en consideración las observaciones sobre un elemento para predecir su valor.

En estos árboles de decisión, los nodos representan datos en lugar de decisiones. Este tipo de árbol también se conoce como árbol de clasificación. Cada ramificación contiene un conjunto de atributos o reglas de clasificación asociadas a una etiqueta de clase específica, que se halla al final de la ramificación.

Estas reglas, también conocidas como reglas de decisión, se pueden expresar en una cláusula "Si... entonces...". Cada valor de datos o decisión forma una cláusula, de tal manera que, por ejemplo, "si las condiciones 1, 2 y 3 se cumplen, entonces el resultado X será el resultado definitivo con certeza Y".

Cada dato adicional ayuda a que el modelo prediga de forma más precisa a qué conjunto finito de valores pertenece el asunto en cuestión. Esa información se puede usar posteriormente como una entrada en un modelo más grande de toma de decisiones.

Ejercicios

1. En una caja hay 10 pelotas idénticas salvo por el color (las hay rojas y las hay azules) numeradas del 11 al 20.
   b) Se saca sin ver una de las pelotas. ¿Cuál es la probabilidad de obtener un número primo?
   c) Se sabe que la probabilidad de sacar una pelota azul es de 3/5. ¿Cuántas pelotas hay de cada color?
2. Sea $\Omega = \{1, 2, 3, 4\}$ un espacio muestral equiprobable, y sean los eventos $A = \{1, 2\}$, $B = \{2, 3\}$ y $C = \{2, 4\}$. ¿Son A, B y C independientes?
3. Una empresa de tecnología va a diseñar una nueva serie de dispositivos, y debe decidirse por una de tres estrategias de diseño. El pronóstico del mercado es para 200,000 unidades. Se han encontrado las siguientes estimaciones de los costos iniciales y de las variables relacionados con cada una de las tres estrategias:
   a) Baja tecnología: proceso que consiste en contratar a nuevos ingenieros con poca experiencia. Esta posibilidad tiene un costo de $45,000 y probabilidades de costo variable de 0.3 para $0.55 cada uno, 0.4 para $0.50, y 0.3 para $0.45.
   b) Subcontrato: enfoque de mediano costo que emplea un buen equipo de diseño externo. Esta alternativa tiene un costo inicial de $65,000 y probabilidades de costo variable de 0.7 para $0.45 cada uno, 0.2 para $0.40, y 0.1 para $0.35.
   c) Alta tecnología: enfoque en el que se usa lo mejor del personal interno y la más moderna tecnología de diseño asistido por computadora. Esta alternativa tiene un costo inicial de $75,000 y probabilidades de costo variable de 0.9 para $0.40 y 0.1 para

$0.35. ¿Cuál es la mejor decisión con base en un criterio de valor monetario esperado VME? (VME=Valor Máximo Esperado).

4. Un gerente está tratando de decidir si debe comprar una máquina o dos. Si compra sólo una y la demanda resulta ser excesiva, podría adquirir después la segunda máquina. Sin embargo, perdería algunas ventas porque el tiempo que implica la fabricación de este tipo de máquinas es de seis meses. Además, el costo por máquina sería más bajo si comprara las dos al mismo tiempo. La probabilidad de que la demanda sea baja se ha estimado en 0.30. El valor de los beneficios de comprar las dos máquinas a la vez es de $90,000 si la demanda es baja, y de $170,000 si la demanda es alta. Si se decide comprar una máquina y la demanda resulta ser baja, el valor presente neto sería de $120,000. Si la demanda es alta, el gerente tendrá tres opciones. La de no hacer nada tiene un valor presente neto de $120,000; la opción de subcontratar, $140,000; y la de comprar la segunda máquina, $130,000.

   a) Dibujar un árbol de decisiones para este problema.
   b) ¿Cuántas máquinas debe comprar la compañía inicialmente?
   c) ¿Cuál es el beneficio esperado de esta alternativa?

5. Un ingeniero de proyectos trata de decidir si debe construir una instalación pequeña, una mediana o una grande. La demanda puede ser baja, promedio o alta, con probabilidades estimadas de 0.25, 0.40 y 0.35, respectivamente. Con una instalación pequeña se esperaría ganar sólo $18,000 si la demanda es baja. Si la demanda es promedio, se espera que la instalación pequeña gane $75,000. Si la demanda es alta, cabría esperar que la instalación pequeña ganara $75,000, y que después pudiera

ampliarse a un tamaño promedio para ganar $60,000, o a un tamaño grande para ganar $125,000. Con una instalación de tamaño mediano se esperaría una pérdida estimada en $25,000 si la demanda es baja, y una ganancia de $140,000 si la demanda es de magnitud promedio. Si la demanda es alta, cabría esperar que la instalación de tamaño mediano ganara un valor presente neto de $150,000; después podría ampliarse al tamaño grande para obtener un beneficio neto de $145,000. Si se optara por construir una instalación grande y la demanda resultara ser alta, se esperaría que las ganancias ascendieran a $220,000. Si la demanda resultara ser de magnitud promedio para la instalación grande, se esperaría que el valor presente neto fuera igual a $125,000; finalmente si la demanda fuera baja, cabría esperar que la instalación perdiera $60,000.

    a)   Dibujar un árbol de decisiones para este problema.

    b)   ¿Qué debe hacer la gerencia para obtener el máximo beneficio esperado?

6. Un artista realizó una serie de cuadros y desea vender copias de los mismos enmarcados. El artista considera que si el mercado es bueno, podría vender 400 copias de una versión elegante a $125 cada una. Si el mercado no es bueno, sólo vendería 300 copias a $90 cada una. O puede hacer una versión de lujo del mismo dibujo. Cree que si el mercado fuera bueno podría vender 500 copias de esta versión de lujo a $100 cada una. Si el mercado no es bueno, podría vender 400 copias a $70 cada una. En ambos casos los costos de producción serán aproximadamente de $35,000. También puede no hacer los cuadros esta vez. Pero si considera que hay un 50% de probabilidades de tener un buen mercado, ¿qué debe hacer? ¿Por qué?

7. Una compañía tiene la posibilidad de (a) proceder de inmediato con la producción de una línea de tecnología de la cual acaba de completar la prueba del prototipo o, (b) hacer una análisis de valor para mejorar el prototipo. Si se procede con el prototipo existente (opción a), la empresa puede esperar que las ventas lleguen a 100,000 unidades a $550 cada una, con una probabilidad de 0.6 y una de 0.4 para 75,000 a $550. No obstante, si se mejora el prototipo (opción b), la empresa espera ventas por 75,000 unidades a $750 cada una, con una probabilidad de 0.7 y una de 0.3 para 70,000 unidades a $750. El costo del análisis de valor es de $100,000 si sólo se usa en la opción b. ¿Cuál de las dos alternativas tiene el valor monetario esperado (VME) más alto?

Álgebra de Boole

El álgebra de Boole es ampliamente utilizada en electrónica digital. Se aplica al diseño de circuitos digitales y a la configuración de sistemas de redes.

Operaciones booleanas y compuertas lógicas

Sea el conjunto $\mathbb{B} = \{0,1\}$ dotado de las siguientes operaciones:

x	y	$x+y$	$x \cdot x$	$\bar{x}$
0	0	0	0	1
0	1	1	0	
1	0	1	0	0
1	1	1	1	

Las computadoras y aparatos digitales usan codificaciones binarias que se construyen mediante dispositivos llamados compuertas lógicas digitales. La siguiente es la relación que hay entre el álgebra de Boole y las compuertas lógicas:

Operador	Operación	Compuerta	Nombre
∨	+	⟞D⟝	OR
∧	·	⟞D⟝	AND
¬	$\bar{x}$	⟞▷∘	Not

Dichas operaciones tienes las siguientes propiedades:

Reglas del cero y la unidad

a) $0 + x = x$
b) $1 + x = 1$

c) $0 \cdot x = 0$
d) $1 \cdot x = x$

Idempotencia de las operaciones:

a) $x + x = x$
b) $x \cdot x = x$

Complementación

a) $x + \bar{x} = 1$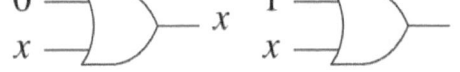
b) $x \cdot \bar{x} = 0$

Involución

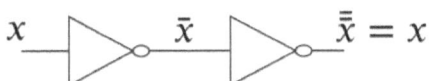

$\bar{\bar{x}} = x$

Conmutatividad

a) $\quad x + y = y + x$

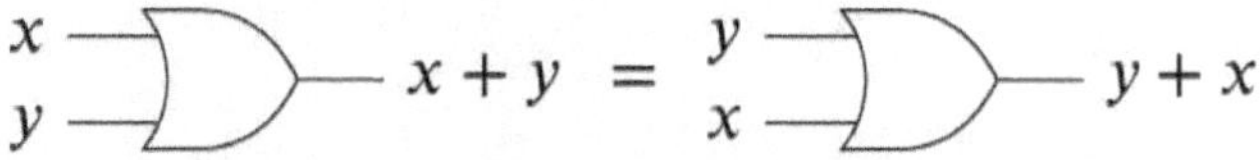

b) $\quad x \cdot y = y \cdot x$

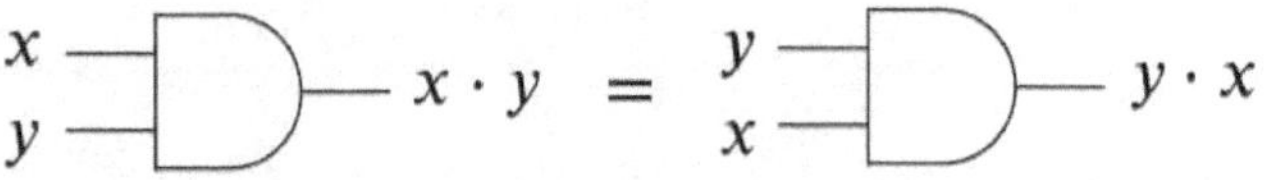

Asociatividad

a) $\quad x + (y + z) = (x + y) + z$

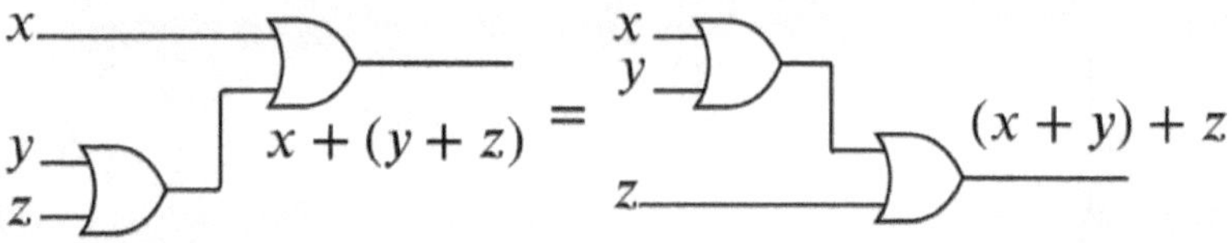

b) $\quad x \cdot (y \cdot z) = (x \cdot y) \cdot z$

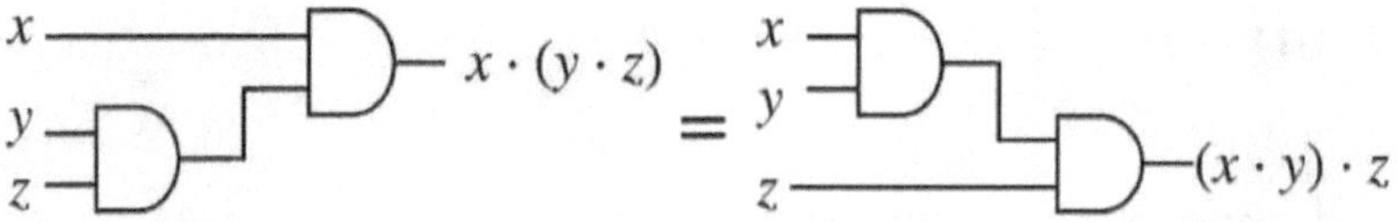

Distributividad

a) $\quad x \cdot (y + z) = x \cdot y + x \cdot z$

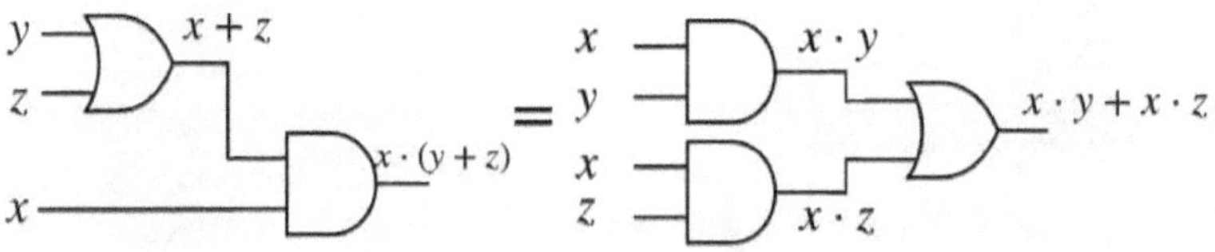

b) $\quad x + (y \cdot z) = (x + y) \cdot (x + z)$

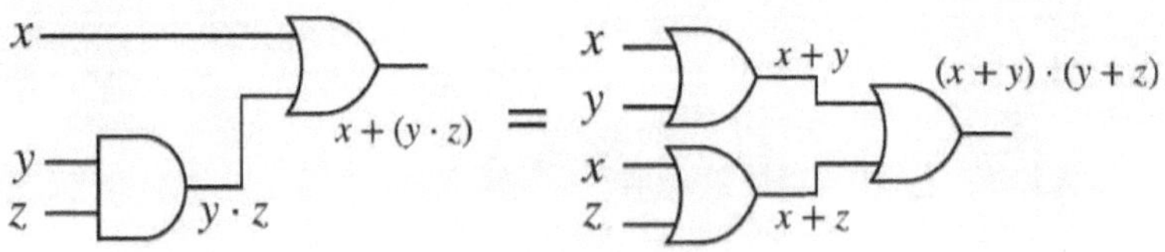

Absorción

a) $x \cdot (x+y) = x$ \hspace{2em} b) $x \cdot (\bar{x}+y) = x \cdot y$
c) $\bar{x} \cdot (x+y) = \bar{x} \cdot y$ \hspace{2em} d) $(x+y) \cdot (x+\bar{y}) = x$
e) $x + x \cdot y = x$ \hspace{2em} f) $x + \bar{x} \cdot y = x + y$
g) $\bar{x} + x \cdot y = \bar{x} + y$ \hspace{2em} h) $x \cdot y + x \cdot \bar{y} = x$

Leyes de De Morgan

a) $\overline{x \cdot y} = \bar{x} + \bar{y}$
b) $\overline{x + y} = \bar{x} \cdot \bar{y}$

Expresiones booleanas elementales

Se conoce como forma canónica a toda combinación lineal de elementos del álgebra en cuestión, donde los escalares son los elementos de la misma álgebra. Un ejemplo de forma canónica de tres variables es la siguiente:

$$f(A, B, C) = \bar{A}BC + A\bar{B}C + ABC$$

Dicha forma canónica puede definirse también de forma explícita dando los valores que toma para cada posible combinación de los valores de sus variables. Esta representación es la ya conocida tabla de verdad:

A	B	C	f
0	0	0	0
0	0	1	0
0	1	0	1
0	1	1	1
1	0	0	0
1	0	1	0
1	1	0	0
1	1	1	1

Un mini término es un producto booleano en el que cada variable aparece una y sólo una sola vez, es decir, es una expresión que se compone de todas las variables y los operadores lógicos AND y NOT. Un maxi término es una expresión lógica que se compone de variables y de los operadores lógicos Or y Not. Una forma canónica será una suma de maxi términos y mini términos.

Ejemplo

Se requiere diseñar una alarma contra incendios. Dicho dispositivo debe contar con un interruptor manual que siempre debe de encender el sistema. Además, debe tener un detector de humo y uno de calor. Sin embargo, no basta que uno solo de éstos active la alarma. Si el detector de calor enciende el funcionamiento, puede ocurrir que en un día caluroso la temperatura llegue a ser tal que rebase la tolerancia del dispositivo. Por otro lado, una persona fumadora podría activar la alarma si es que la concentración de humo de su cigarro llega a ser la suficiente. Por tanto, nuestro diseño debe de tomar en cuenta las siguientes consideraciones.
   a) La alarma debe de encenderse de forma manual desde un interruptor.
   b) Debe tener un sensor de humo y uno de temperatura, los cuales disparan la alarma sólo si los dos se activan a la vez.

Solución

Si denotamos por A al interruptor manual, por B al del detector de humo y por C al del detector de calor, entonces nuestro diseño estará representado en la siguiente tabla de verdad:

A	B	C	f
0	0	0	0
0	0	1	0
0	1	0	0
0	1	1	1
1	0	0	1
1	0	1	1
1	1	0	1
1	1	1	1

Que tiene por función elemental a:

$$f = \bar{A}BC + A\bar{B}\bar{C} + A\bar{B}C + AB\bar{C} + ABC$$

Cuyo circuito de compuertas lógicas digitales es el siguiente:

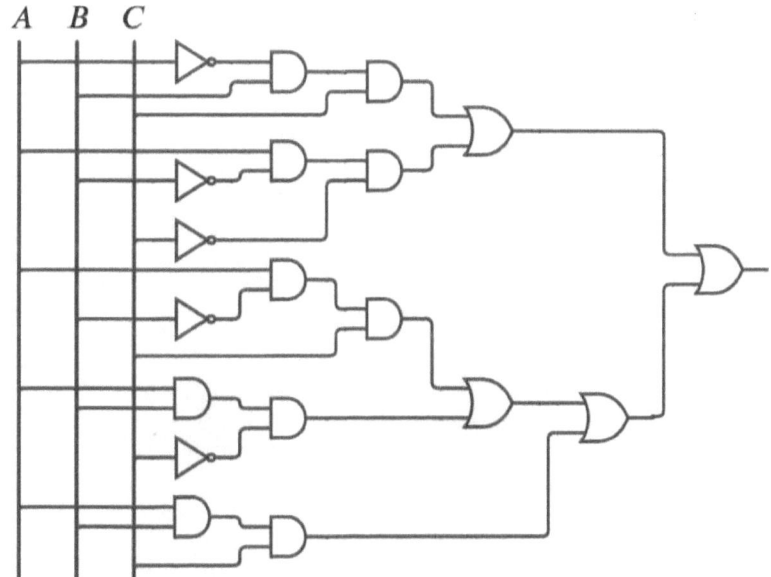

Pero si simplificamos la función booleana obtenemos:

$$f = \bar{A}BC + A\bar{B}\bar{C} + A\bar{B}C + AB\bar{C} + ABC$$

$$f = \bar{A}BC + A\bar{B}\bar{C} + A\bar{B}C + AB\bar{C} + ABC$$

$$f = (\bar{A} + A)BC + (A\bar{B} + AB)\bar{C} + A\bar{B}C$$

$$f = (1)BC + [A(\bar{B} + B)]\bar{C} + A\bar{B}C$$
$$f = BC + [A(1)]\bar{C} + A\bar{B}C$$
$$f = BC + [A]\bar{C} + A\bar{B}C$$
$$f = [B + A\bar{B}]C + A\bar{C}$$
$$f = [B + A]C + A\bar{C}$$
$$f = BC + AC + A\bar{C}$$
$$f = BC + A[C + \bar{C}]$$
$$f = BC + A[1]$$
$$f = BC + A$$

El circuito de compuertas lógicas asociado esta función es:

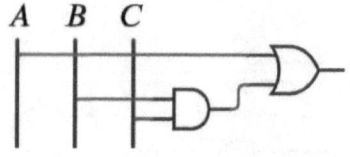

Ejercicios

1. Simplificar las siguientes expresiones booleanas, indicando las propiedades que se utilizan:
   a) $f = ABC + AB\bar{C} + ABC + A\bar{B}C$
   b) $f = ABC + AC + C$
   c) $f = \overline{ABC} + \bar{A} + \bar{B} + \bar{C}$
   d) $f = \overline{(A + B + C)} + \bar{A}\bar{B}\bar{C}$
   e) $f = \overline{[(A + B)\overline{(A\bar{B} + C)}]}$

2. Trazar la tabla de verdad de cada una de las siguientes formas canónicas, así como los diagramas de compuertas lógicas asociados a ellos:
   a) $f = ABC + \bar{A}\bar{B}C + \bar{A}B\bar{C}$
   b) $f = \bar{A}\bar{B}C + AB\bar{C} + ABC$
   c) $f = ABCD + AB\bar{C}\bar{D} + \bar{A}BC\bar{D} + A\bar{B}\bar{C}\bar{D}$
   d) $f = \bar{A}B\bar{C}D + \bar{A}\bar{B}C\bar{D} + \bar{A}BC\bar{D} + A\bar{B}\bar{C}\bar{D} + \bar{A}\bar{B}C\bar{D}$

3. Mediante los axiomas del álgebra booleana, simplificar los siguientes circuitos de compuertas lógicas:

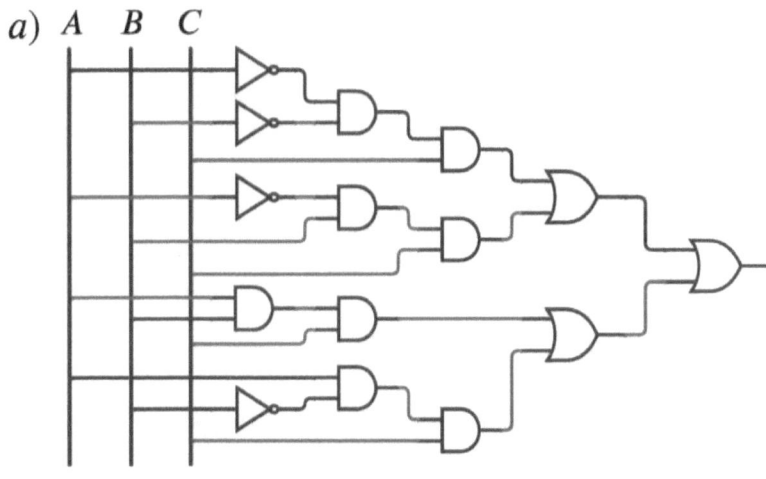

a) A B C

b)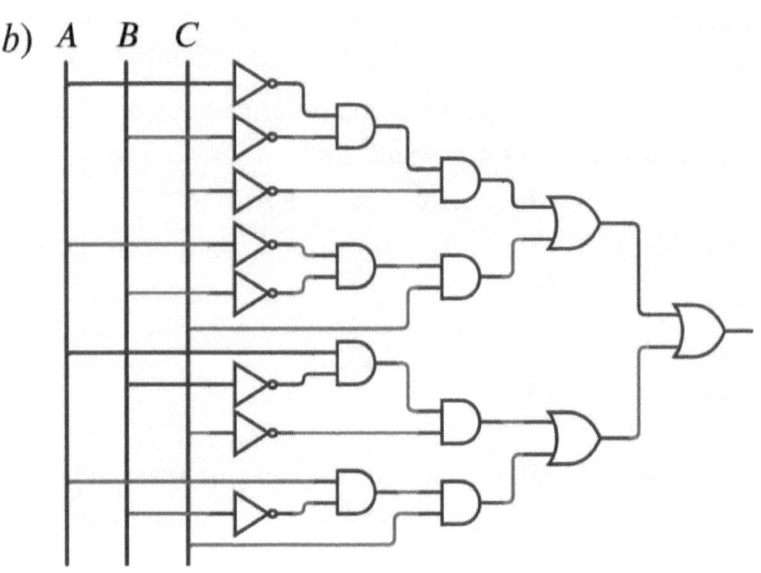

c)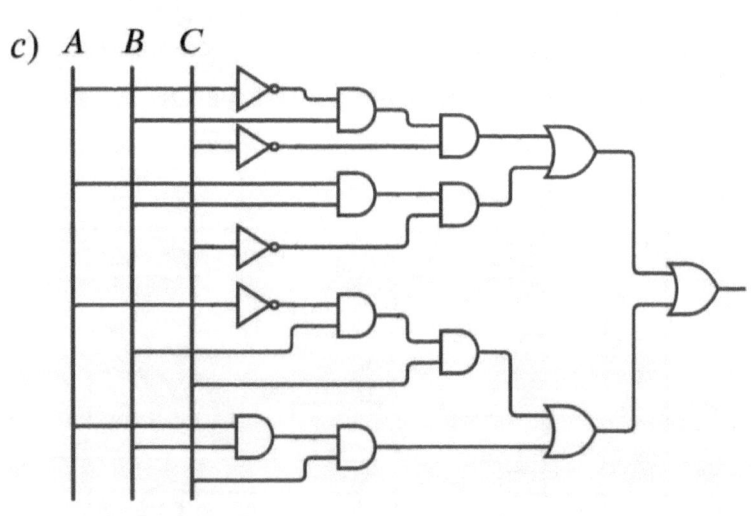

d) A B C

e) A B C D

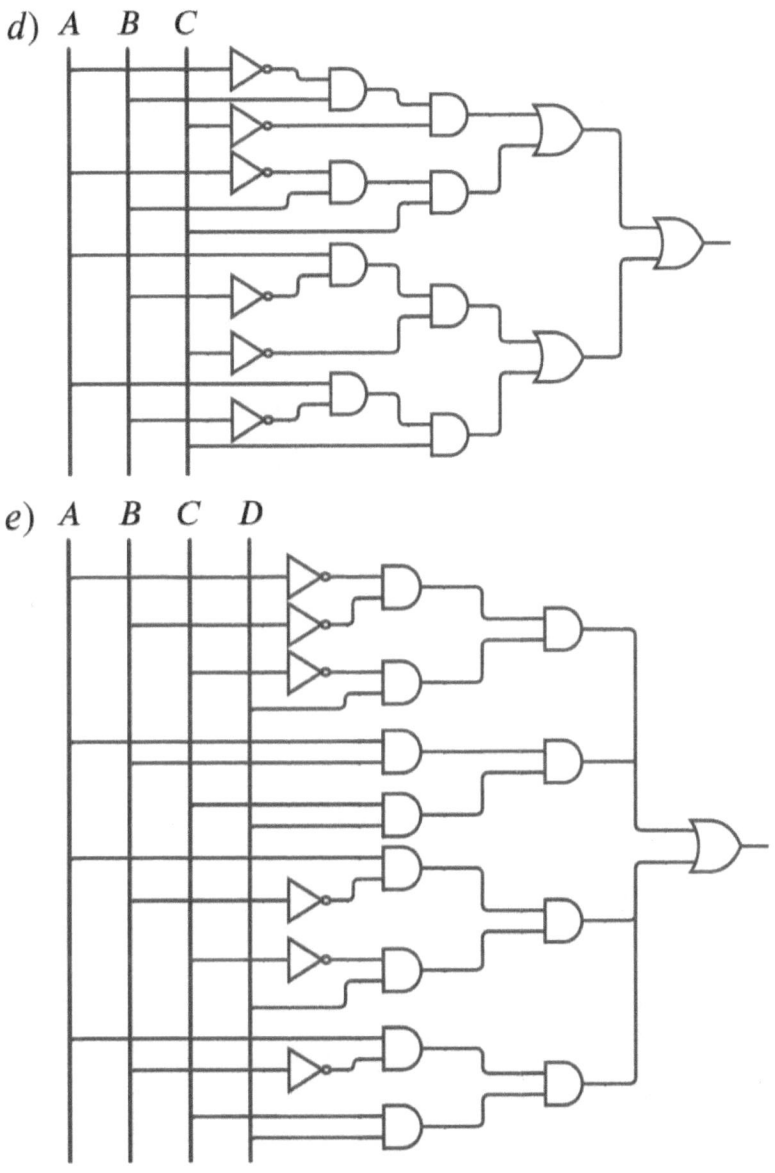

4. Una habitación dispone de un sistema de alumbrado con 4 interruptores. El sistema se encenderá cuando el número de interruptores accionados sea impar. Obtener la tabla de verdad y la función lógica.

5. Obtener la función lógica que permita decidir si se ve o no la televisión en una casa sabiendo, que en el caso de que los dos padres estén de acuerdo esa será la decisión a tomar. Sólo en el caso de que los padres no estén de acuerdo, la decisión la tomará el hijo (A:madre; B:padre; C: hijo). Cuando la salida f sea 1 el hijo podrá ver la tele.
6. En un coche al abrir cualquiera de las cuatro puertas se activa un LED en señal de alarma. Obtener la función lógica para controlar el funcionamiento de la alarma.
7. Diseñar un circuito que conste de 3 variables de entrada y una de salida que toma el valor de 1 cuando el número representado a la salida sea par y mayor o igual a 6.
8. Obtener la función lógica de salida de un sistema lógico digital capaz de detectar los números comprendidos entre 8 y 12, ambos inclusive.

Los mapas de Karnaugh, también conocidos como diagramas de Veitch, son herramientas que se utilizan para la simplificación de funciones booleanas. Fueron descubiertos en 1953 por el físico matemático Maurice Karnaugh en los Laboratorios Bell.

Dicha herramienta constituye un método sencillo para la minimización de funciones lógicas. El tamaño del mapa depende del numero de variables, y el método de minimización es efectivo para expresiones de hasta 6 variables.

Mapa de Karnaugh de 2 variables

Sea $f(A,B)$ una función booleana de 2 variables formada por mini términos. Para elaborar su mapa de Karnaugh tendremos que considerar las $2^2 = 4$ combinaciones posibles de sus mini términos.

En la siguiente figura se muestra la tabla de verdad con la lista de los mintérminos y el lugar que ocupa cada uno de ellos en el mapa de Karnaugh correspondiente:

A	B	Mini término
0	0	$\bar{A}\bar{B}$
0	1	$\bar{A}B$
1	0	$A\bar{B}$
1	1	AB

B \ A	0	1
0	$\bar{A}\bar{B}$	$A\bar{B}$
1	$\bar{A}B$	AB

Mapa de Karnaugh de 3 variables

Sea $f(A, B, C)$ una función booleana de 3 variables formada por mini términos. Para elaborar el mapa de Karnaugh tendremos que considerar las $2^3 = 8$ combinaciones de todos los mini términos posibles.

Al igual que antes, cada casilla del mapa corresponderá a un mini término de la tabla de verdad. Es importante colocar las variables en el orden indicado de más significativo a menos significativo. De otra forma el valor decimal de las casilla sería diferente.

A	B	C	Minitérmino
0	0	0	$\bar{A}\bar{B}\bar{C}$
0	0	1	$\bar{A}\bar{B}C$
0	1	0	$\bar{A}B\bar{C}$
0	1	1	$\bar{A}BC$
1	0	0	$A\bar{B}\bar{C}$
1	0	1	$A\bar{B}C$
1	1	0	$AB\bar{C}$
1	1	1	ABC

C \ AB	00	01	11	10
0	$\bar{A}\bar{B}\bar{C}$	$\bar{A}B\bar{C}$	$AB\bar{C}$	$A\bar{B}\bar{C}$
1	$\bar{A}\bar{B}C$	$\bar{A}BC$	ABC	$A\bar{B}C$

Mapa de Karnaugh de 4 variables

Sea $f(A, B, C, D)$ una función booleana de 4 variables formada por mini términos. Para elaborar el mapa de Karnaugh tendremos las $2^4 = 16$ combinaciones de todos los mini términos posibles.

Siguiendo el mismo procedimiento que para la función de 3 variables, obtenemos el mapa que se muestra en la siguiente figura. Notemos el orden en que se colocan las variables A, B, C, D de mas significativo a menos significativo. También como antes para las columnas AB, las filas CD siguen el orden $00, 01, 11, 00$, para que haya adyacencia lógica:

CD \ AB	00	01	11	10
00				
01				
11				
00				

Mapa de Karnaugh de 5 variables

Sea $f(A, B, C, D, E)$ una función de 5 variables. Para elaborar el mapa de Karnaugh correspondiente tendremos que conisderar las $2^5 = 32$ combinaciones de todos los mini términos posibles.

$A=0$ DE\BC	00	01	11	10	$A=1$	00	01	11	10	BC\DE
00										00
01										01
11										11
10										10

Mapa de Karnaugh de 6 variables

Sea $f(A, B, C, D, E, F)$ una función booleana de 6 variables, formada por mini términos. Para elaborar su mapa de Karnaugh contamos con las $2^6 = 64$ combinaciones posibles de todos los mini términos.

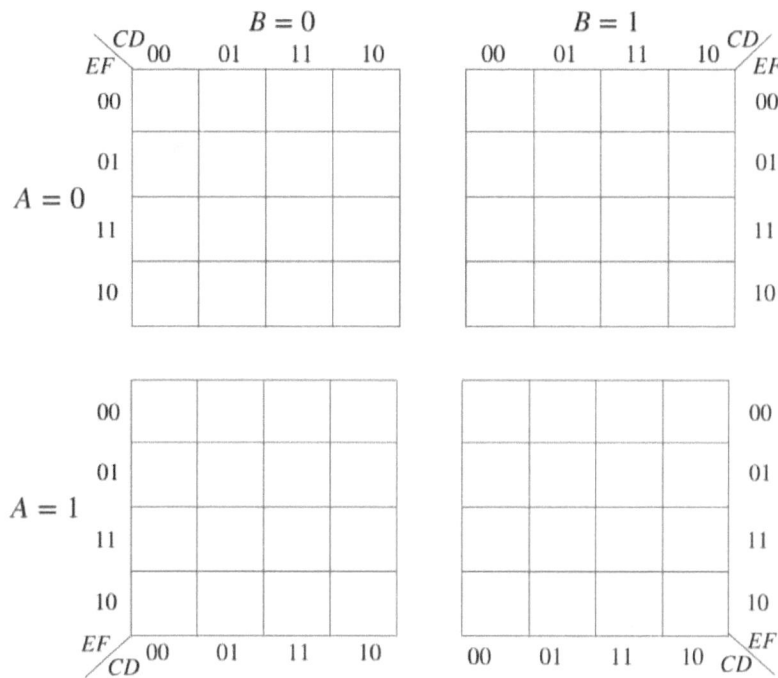

Obtener un mapa de Karnaugh desde una tabla de verdad

Sea f una función canónica formada por mini términos. Entonces, cada sumando está representado mediante un 1 en la casilla que le corresponde en el mapa de Karnaugh asociado al número de variables. Por ejemplo, la forma canónica:

$$f = \bar{A}\bar{B}C + \bar{A}B\bar{C} + AB\bar{C} + ABC$$

Se representa en el siguiente mapa de Karnaugh como:

C \ AB	00	01	11	10
0		1	1	
1	1		1	

Para el caso de una función no canónica, como por ejemplo:

$$f = AB + A\bar{B}C + \bar{A}\bar{B}C$$

deberemos de tomar en consideración la región donde existe o domina cada una de las variables. Esto se muestra a continuación:

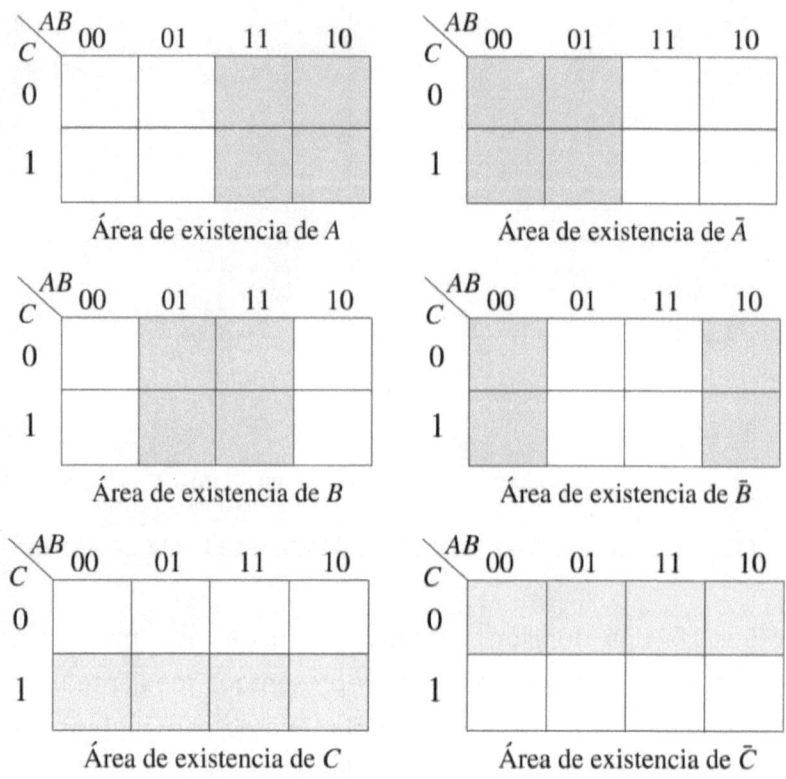

De la función propuesta $f = AB + A\bar{B}C + \bar{A}\bar{B}C$, el término AB se representará en el mapa de Karnaugh como la intersección de las regiones donde dominan A y B respectivamente:

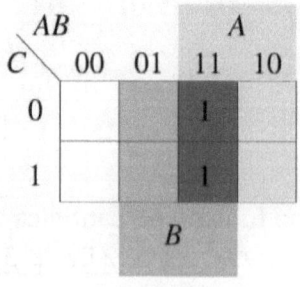

Pero esto ya lo veníamos haciendo, pues el término $A\bar{B}C$ ocupa las casillas donde dominan A, $\bar{B}$ y C:

AB\C	00	01	11	10
0				
1				1

Mientras que el término $\bar{A}\bar{B}C$ tiene su lugar en la intersección de las casillas donde dominan $\bar{A}$, $\bar{B}$ y C:

AB\C	00	01	11	10
0				
1	1			

Uniendo cada uno de estos resultados obtenemos:

AB\C	00	01	11	10
0			1	
1	1		1	1

Que es el mapa de la función $f = AB + A\bar{B}C + \bar{A}\bar{B}C$.

Ejercicios

1. Trazar las tablas de verdad y los mapas de Karnaugh asociados a las siguientes funciones elementales:
   a) $f = AB\bar{C}\bar{D} + \bar{A}\bar{B}CD + \bar{A}BC\bar{D} + A\bar{B}\bar{C}D + A\bar{B}CD$
   b) $f = \bar{A}\bar{B}\bar{C}D + A\bar{B}\bar{C}D + \bar{A}\bar{B}CD + AB\bar{C}D + \bar{A}BC\bar{D}$
   c) $f = \bar{A}\bar{B}\bar{C}\bar{D}\bar{E} + \bar{A}\bar{B}C\bar{D}\bar{E} + \bar{A}BCD\bar{E} + \bar{A}B\bar{C}D\bar{E} +$
   $\bar{A}B\bar{C}\bar{D}E + A\bar{B}\bar{C}\bar{D}E + AB\bar{C}D\bar{E} + A\bar{B}CD\bar{E} + ABC\bar{D}\bar{E}$
   d) $f = \bar{A}BC\bar{D}E + \bar{A}BC\bar{D}E + \bar{A}\bar{B}CDE + \bar{A}BCDE +$
   $A\bar{B}C\bar{D}E + ABC\bar{D}E + A\bar{B}CDE + ABCDE$
   e) $f = \bar{A}B\bar{C}\bar{D}E\bar{F} + \bar{A}BC\bar{D}E\bar{F} + AB\bar{C}\bar{D}E\bar{F} + ABC\bar{D}E\bar{F} +$
   $\bar{A}BC\bar{D}\bar{E}\bar{F} + \bar{A}BCD\bar{E}\bar{F}$
   f) $f = \bar{A}B\bar{C}D\bar{E}\bar{F} + \bar{A}BCD\bar{E}\bar{F} + A\bar{B}C\bar{D}\bar{E}\bar{F} + \bar{A}BC\bar{D}\bar{E}\bar{F} +$
   $\bar{A}B\bar{C}D\bar{E}F + \bar{A}BCD\bar{E}F + AB\bar{C}\bar{D}\bar{E}F + ABCD\bar{E}F$

2. Trazar los mapas de Karnaugh de las expresiones booleanas:
   a) $x + (y + z)$
   b) $(x + y) + z$
   c) $x \cdot (y + z)$
   d) $(x \cdot y) \cdot z$
   e) $\overline{(x \cdot y)} \cdot z$
   f) $\overline{(x + y)} \cdot z$
   g) $\overline{(x \cdot y) + \bar{z}}$

3. De los siguientes mapas de Karnaugh, obtener sus tablas de verdad, y sus funciones booleanas:

a)

AB\C	00	01	11	10
0			1	
1	1		1	

b)

AB\C	00	01	11	10
0	1		1	
1	1		1	

c)

CD \ AB	00	01	11	10
00	1		1	
01	1		1	
11	1		1	
10	1		1	

d)

CD \ AB	00	01	11	10
00		1	1	
01	1			1
11	1			1
10		1	1	

e)

$A = 0$

DE \ BC	00	01	11	10
00	1		1	
01	1		1	
11	1		1	
10	1		1	

$A = 1$

00	01	11	10	BC / DE
	1	1		00
1		1		01
1		1		11
	1	1		10

f)

$A = 0$

DE \ BC	00	01	11	10
00				
01		1	1	
11		1	1	
10				

$A = 1$

00	01	11	10	BC / DE
	1	1		00
				01
				11
	1	1		10

4. Obtener los mapas de Karnaugh de los siguientes circuitos de compuertas lógicas:

a) A B C

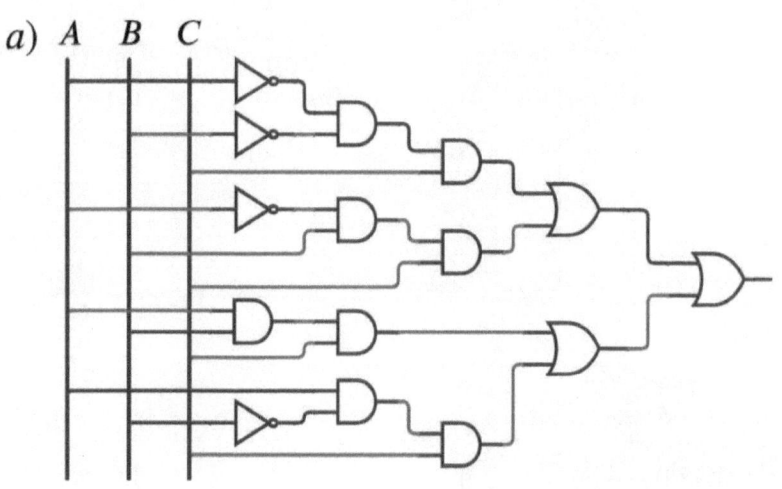

b) A B C

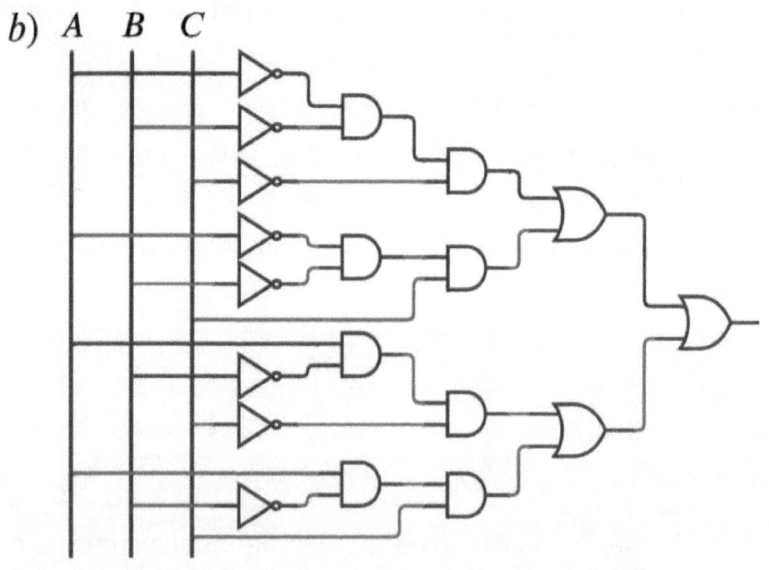

c) A B C

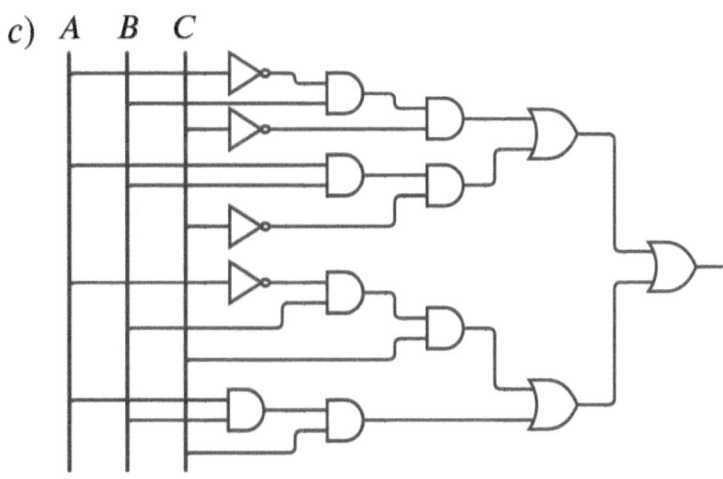

d) A B C

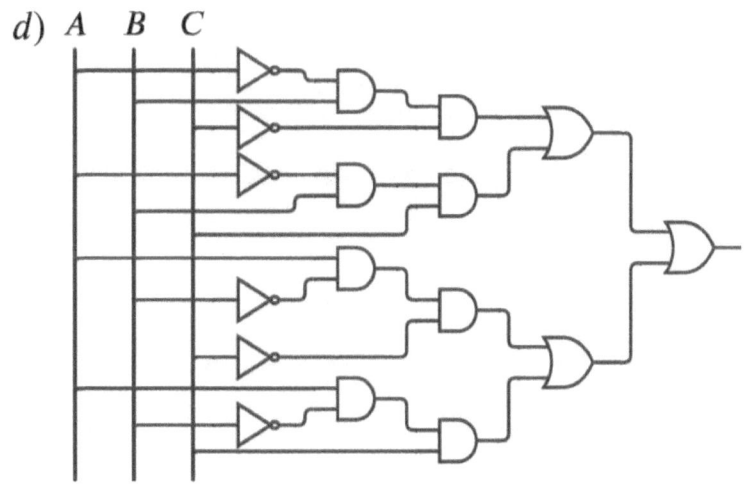

e)

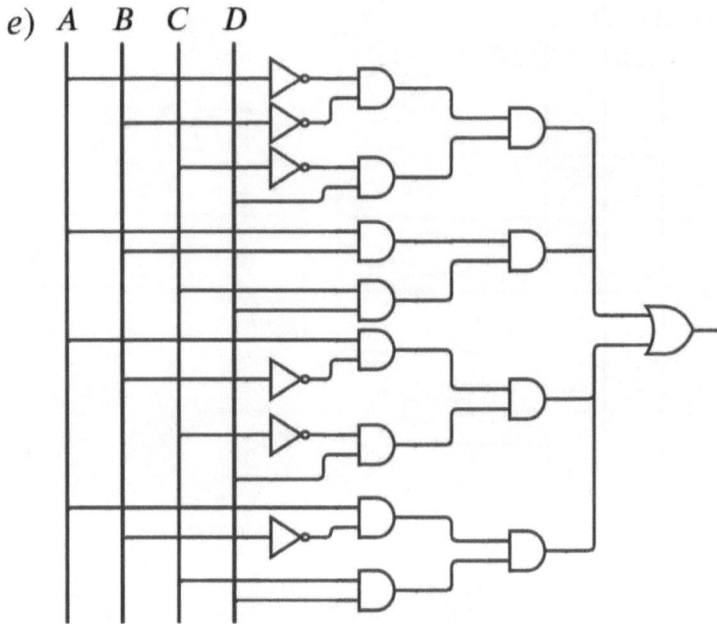

5. Demostrar las ocho leyes de absorción utilizando álgebra de Boole.
6. Demostrar los teoremas de De Morgan empleando tablas de verdad.
7. Bosquejar mediante compuertas las leyes de absorción y de De Morgan.

Para simplificar una función booleana mediante el uso de mapas de Karnaugh, es necesario realizar agrupamientos de los 1's que aparecen en éstos. Los agrupamientos sólo podrán ser de 1's, por lo que en ningún caso se podrá tomar en cuenta algún 0:

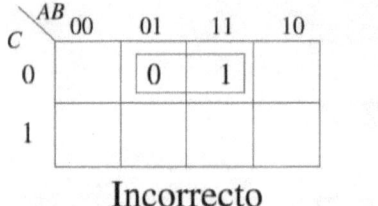

Incorrecto   Correcto

Únicamente se puede agrupar de manera en horizontal y vertical. Esto implica que las diagonales no están permitidas:

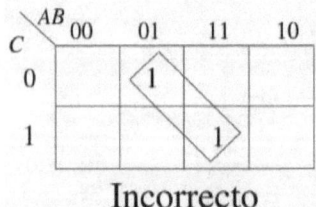

Incorrecto   Correcto

Los grupos deben de contener 2^n elementos, por lo que sólo podrán constar de 1,2,4,8, ..., elementos:

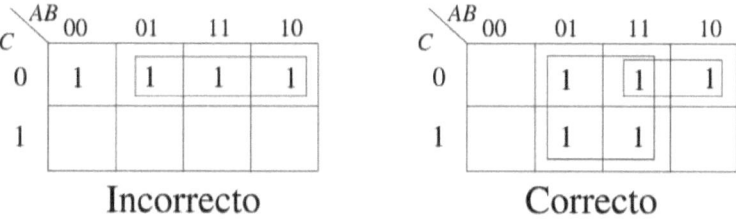

Cada grupo ha de ser tan grande como sea posible, en tanto que sea del tamaño de una potencia positiva de 2:

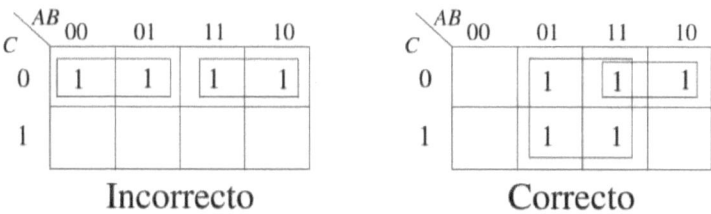

Todos los 1's tienen que pertenecer como mínimo a un grupo, aunque pueden pertenecer a más de uno:

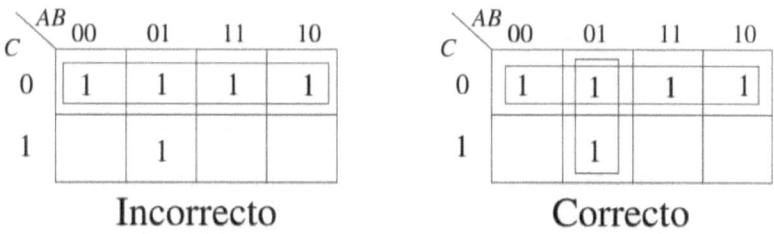

Como ya se ha mostrado en los ejemplos anteriores, pueden existir solapamiento de grupos:

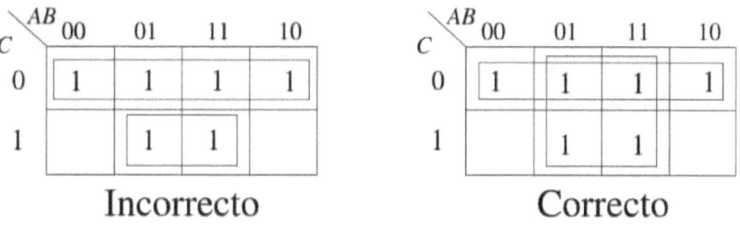

Los agrupamientos también se pueden realizar con las celdas extremas de la tabla, de tal forma que la parte inferior se podría agrupar con la superior, y la izquierda con la derecha tal:

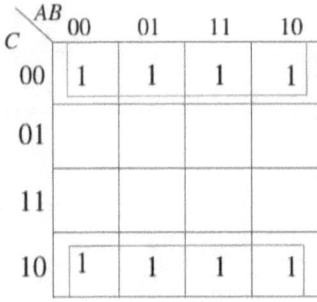 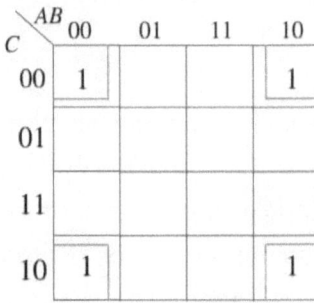

Simplificación de funciones booleanas

Dada una función booleana se le puede asignar un mapa de Karnaugh, el cual nos ayudará a simplificarla. Cada agrupamiento de 1's dará lugar a un producto de una o más variables de las que depende la función de la siguiente manera:

- Las variables que sufren variación dentro del grupo, es decir, que tienen valores de 0 y 1 dentro del mismo, se llaman contradictorias y deben ser eliminadas.
- Las variables que por el contrario, mantienen un valor constante de 1 dentro de la agrupación, generan la variable sin negar.
- Las variables que tengan un valor constante de 0, generan una variable negada. Todos los productos deberán sumarse una vez que se haya obtenido los productos que representan.

Ejemplos

En esta agrupación las variables A y B cambian de valor, por lo que se deben descartar. En cambio, las variables C y D permanecen constantes con valor de 0, por lo que este agrupamiento genera el maxitérmino $\bar{C}\bar{D}$

CD\AB	00	01	11	10
00	1	1	1	1
01				
11				
10				

CD\AB	00	01	11	10
00		1	1	
01		1	1	
11				
10				

En este otro caso, las casillas de la agrupación cambian su valor de A y también de D, por lo que se descartan. Las variables B y C permanecen constantes con valor de 1 y 0, respectivamente, por lo que generan el maxitérmino $B\bar{C}$

Los elementos de esta agrupación cambian sus valores de A y C, por lo que se descartan, quedando sólo B sin negar y D negada, lo que genera el maxitérmino $B\bar{D}$

CD\AB	00	01	11	10
00		1	1	
01				
11				
10		1	1	

Para un mapa de Karnaugh de 5 variables hay que considerar un detalle adicional. Una casilla, además de ser adyacente en forma horizontal o vertical, es adyacente a la casilla que ocupa la misma posición en el cuadrado cercano. Por ejemplo la casilla 15(01111) es adyacente al 13(01101), 7(00111), 14(01110), 11(01011) y a la 31(11111). Esto es debido a que sólo cambia una sola variable entre una casilla y otra:

	BC	A = 0				A = 1				BC
DE		00	01	11	10	00	01	11	10	DE
00		0	4	12	8	16	20	28	24	00
01		1	5	13	9	17	21	29	25	01
11		3	7	15	11	19	23	31	27	11
10		2	6	14	10	18	22	30	26	10

Para los mapas de 6 variables sucede lo mismo. Ahora una casilla, además de ser adyacente en forma horizontal o vertical, es adyacente a la casilla que ocupa la misma posición en el cuadrado cercano horizontal y en el cuadrado cercano vertical. Por ejemplo, la casilla 10(001010) es adyacente a 11(001011), 14(001110), 8(001000), 2(000010), y a 26(011010) y 42(101010):

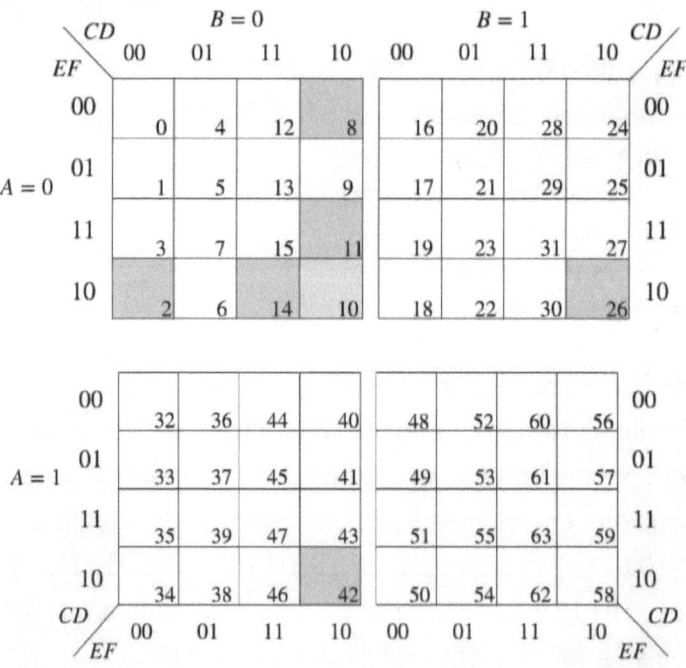

Ejemplo

Recordando el diseño de la alarma contra incendios, habíamos obtenido la siguiente función elemental:

$$f = \bar{A}BC + A\bar{B}\bar{C} + A\bar{B}C + AB\bar{C} + ABC$$

Realizando la simplificación mediante el mapa de Karnaugh correspondiente, obtenemos:

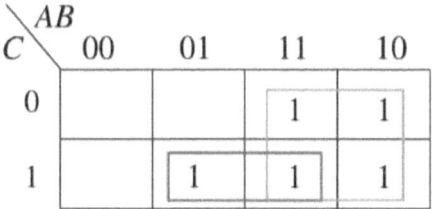

La expresión simplificada es entonces:

$$f = A + BC$$

Cuyo circuito de compuertas lógicas es el siguiente:

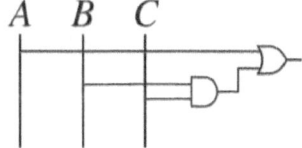

Ejercicios

1. Simplificar los siguientes mapas de Karnaugh, y trazar los circuitos resultantes:

a)

C \ AB	00	01	11	10
0			1	
1	1		1	

b)

C \ AB	00	01	11	10
0	1		1	
1	1		1	

c)

CD \ AB	00	01	11	10
00	1		1	
01	1		1	
11	1		1	
10	1		1	

d)

CD \ AB	00	01	11	10
00		1	1	
01	1			1
11	1			1
10		1	1	

e) $A = 0$

DE \ BC	00	01	11	10
00	1		1	
01	1		1	
11	1		1	
10	1		1	

$A = 1$

BC \ DE	00	01	11	10
00		1	1	
01	1			1
11	1			1
10		1	1	

f) $A = 0$

DE \ BC	00	01	11	10
00				
01		1	1	
11		1	1	
10				

$A = 1$

BC \ DE	00	01	11	10
00		1	1	
01				
11				
10		1	1	

2. Simplificar las siguientes funciones booleanas empleando mapas de Karnaugh:

   a) $f = \bar{A}B\bar{C} + AB\bar{C} + \bar{A}BC + ABC$
   b) $f = \bar{A}\bar{B}\bar{C} + A\bar{B}\bar{C} + \bar{A}\bar{B}C + A\bar{B}\bar{C}$
   c) $f = \bar{A}\bar{B}\bar{C}\bar{D} + A\bar{B}\bar{C}D + \bar{A}\bar{B}C\bar{D} + A\bar{B}C\bar{D}$
   d) $f = \bar{A}\bar{B}\bar{C}\bar{D} + \bar{A}\bar{B}C\bar{D} + \bar{A}\bar{B}CD + \bar{A}B\bar{C}\bar{D} + A\bar{B}CD + A\bar{B}C\bar{D} + A\bar{B}CD + A\bar{B}C\bar{D}$
   e) $f = \bar{A}\bar{B}\bar{C}\bar{D} + AB\bar{C}\bar{D} + \bar{A}\bar{B}\bar{C}D + \bar{A}\bar{B}CD + A\bar{B}\bar{C}D + A\bar{B}CD + \bar{A}\bar{B}C\bar{D} + AB C\bar{D}$
   f) $f = \bar{A}\bar{B}\bar{C}\bar{D}\bar{E} + \bar{A}\bar{B}CD\bar{E} + \bar{A}BCD\bar{E} + \bar{A}\bar{B}C\bar{D}\bar{E} + \bar{A}B\bar{C}\bar{D}E + A\bar{B}\bar{C}\bar{D}E + A\bar{B}C\bar{D}\bar{E} + AB C\bar{D}\bar{E} + ABC\bar{D}\bar{E}$
   g) $f = \bar{A}\bar{B}C\bar{D}E + \bar{A}BC\bar{D}E + \bar{A}BCDE + \bar{A}BCDE + A\bar{B}C\bar{D}E + ABC\bar{D}E + AB CDE + ABCDE$
   h) $f = \bar{A}\bar{B}\bar{C}\bar{D}\bar{E}\bar{F} + \bar{A}\bar{B}\bar{C}\bar{D}EF + \bar{A}B\bar{C}DEF + ABC\bar{D}EF + \bar{A}BC\bar{D}\bar{E}F + \bar{A}BC\bar{D}\bar{E}F$
   i) $f = \bar{A}\bar{B}\bar{C}D\bar{E}F + \bar{A}\bar{B}CD\bar{E}F + \bar{A}\bar{B}CD\bar{E}F + A\bar{B}CD\bar{E}F + \bar{A}\bar{B}CD\bar{E}F + \bar{A}BCD\bar{E}F + AB\bar{C}D\bar{E}F + ABCD\bar{E}F$

3. Utilizando mapas de Karnaugh simplificar los siguientes circuitos de compuertas lógicas digitales:

a)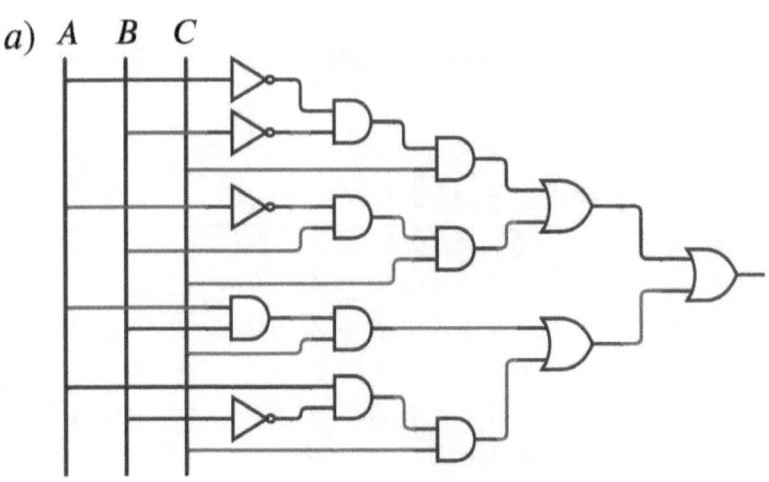

b)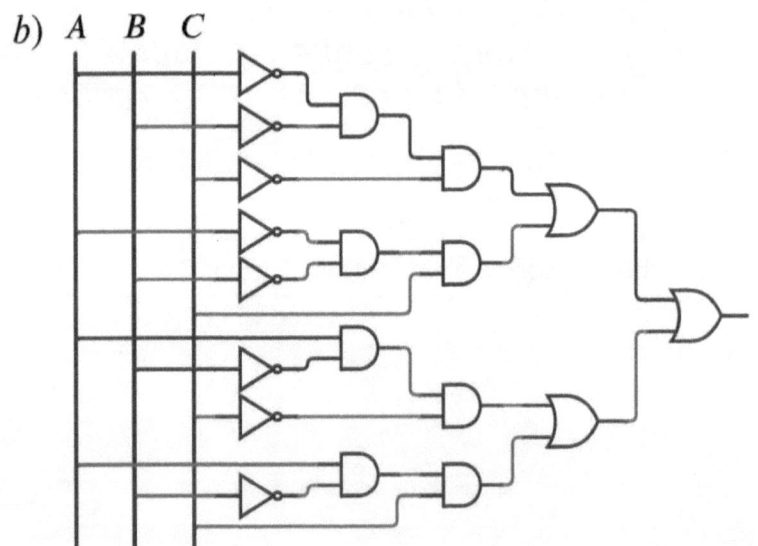

c) A B C

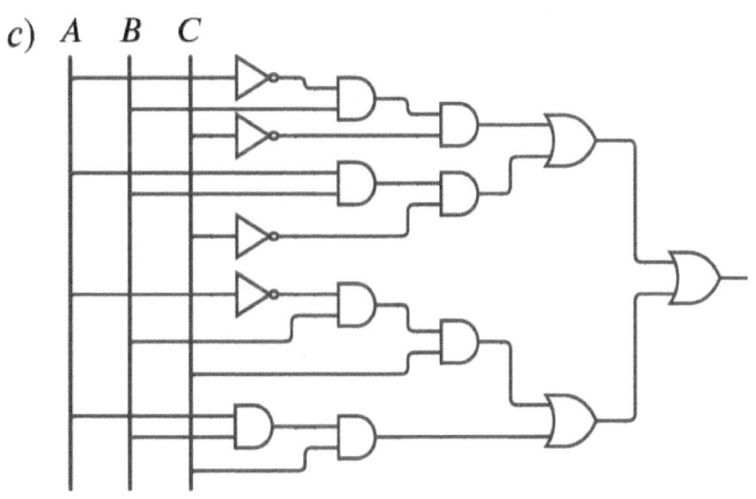

d) A B C

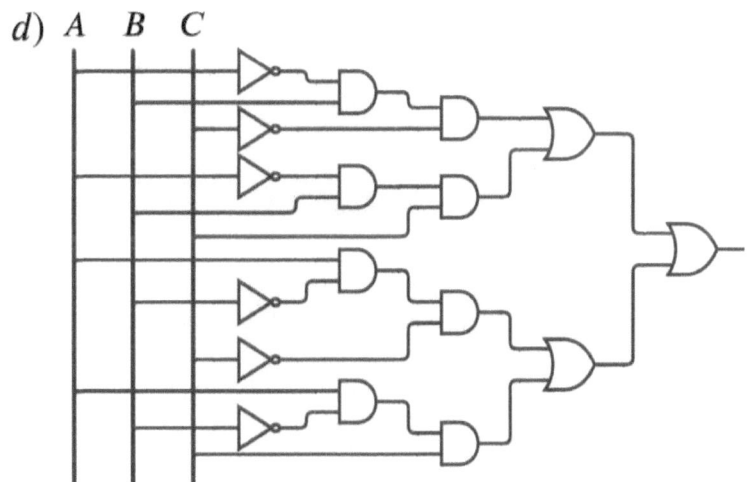

e) A B C D

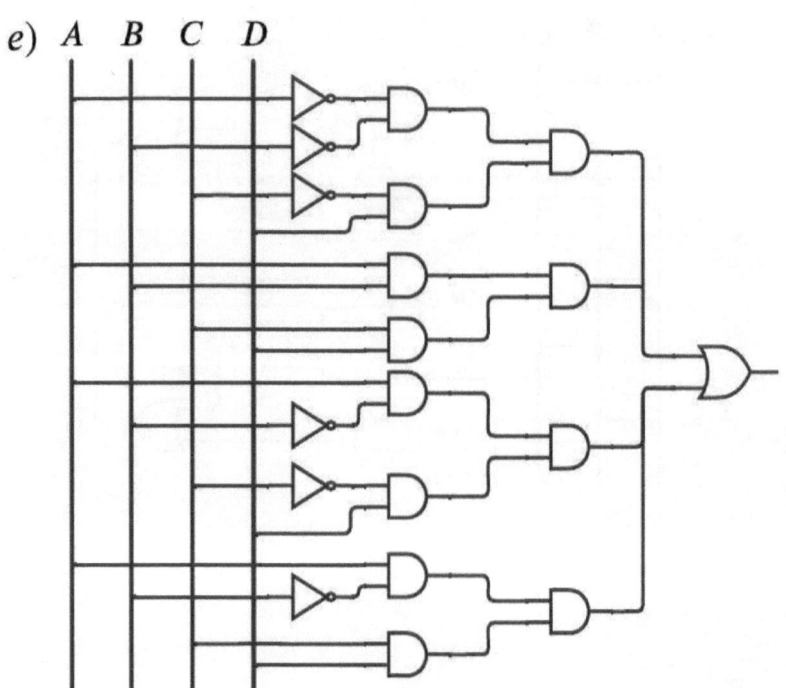

Retículos en Álgebras de Boole

El álgebra de Boole debe su nombre a George Boole (1815 — 1864), matemático inglés quien la definió en *The Mathematical Analysis of Logic*, publicado en 1847 como respuesta a una controversia entre Augustus De Morgan y Sir William Hamilton. En 1854 se ampliaría la publicación inicial en el libro *The Laws of Thought*. Actualmente se aplica en los sistemas digitales, las configuraciones de redes, la mecatrónica y la robótica, entre otras.

Diagramas de Hasse

Sea $(X, \leq)$ un conjunto ordenado. El diagrama de Hasse de X es un grafo cuyos vértices son los elementos de X de tal forma que $a, c \in X$ son adyacentes si y sólo sí $a \leq c$ y no existe $b \in X$ tal que $a \leq b \leq c$.

Ejemplo

Dado n un número natural, definimos $D_n = \{x \in \mathbb{N}: x \text{ es divide a } n\}$. Podemos establecer un orden sobre D_n tal

que para $a, b \in D_n$, $a \leq b$ si y sólo si $a|b$. La pareja $(D_n, | \,)$ es un conjunto ordenado. Por ejemplo, Si $n = 108$ entonces:
$$D_{108} = \{1,2,3,4,6,9,12,18,27,36,54,108\}$$

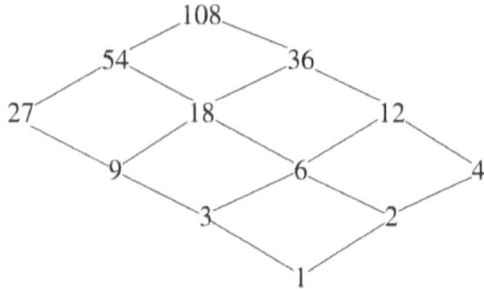

Ejemplo

Cualquier grafo dirigido que no contenga caminos cerrados es el diagrama de Hasse de un conjunto ordenado. En el grafo dirigido:

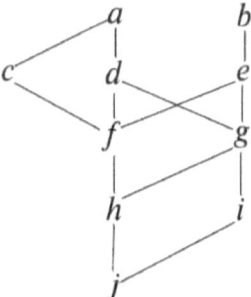

tenemos definido un orden en el conjunto $X = \{a, b, c, d, e, f, g, h, i, j\}$ en el que, por ejemplo, $h \leq e$ pues hay el camino $h - f - e$ empieza en h y termina en e. Tambien $i \leq a$, pues el camino $i - g - d - a$ empieza en i y termina en a. En contrapuesta, $i \nleq c$ ya que ningún camino empieza en i y termina en c.

Elementos máximales y máximos

Sea $(X, \leq)$ un conjunto ordenado. Un elemento $x \in X$ se dice maximal si no existe $y \in X$ tal que $x \leq y$ y $x \neq y$. Un elemento

$x \in X$ se dice máximo si $y \leq x$ para todo $y \in X$. De la misma forma se puede definir lo que es un elemento minimal y un elemento mínimo. En caso de que existan, denotaremos por $\text{máx}(X)$ al máximo de X, y por $\text{mín}(X)$ al mínimo de X.

Ejemplo

En el grafo dirigido anterior a y b son elementos maximales, pues no hay ningún elemento que sea mayor que ellos. Sin embargo, X no tiene máximo, mientras que j es un elemento minimal que también es un mínimo de X.

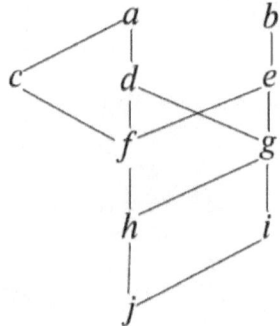

Si un conjunto tiene un elemento máximo este es único. En caso de que tenga máximo tendrá único elemento maximal, que será él mismo. La misma afirmación vale para los elementos mínimo y minimal.

Sea $(X, \leq)$ un conjunto ordenado y Y un subconjunto de X con el orden inducido de X. Un elemento $x \in X$ se dice cota superior de Y si $x \geq y$ para todo $y \in Y$. Un elemento $x \in X$ se dice supremo de Y si es el mínimo del conjunto de las cotas superiores de Y, lo que denota como $\sup Y$. De manera análoga se pueden definir los conceptos de cota inferior e ínfimo de un conjunto. Éste último se denota por $\inf Y$. Si un conjunto Y tiene supremo éste es único. El máximo de un conjunto es también su supremo.

Ejemplo

Consideremos de nuevo el conjunto ordenado cuyo orden está dado por el grafo siguiente, y sea $Y = \{c, d, f, g, h\}$.

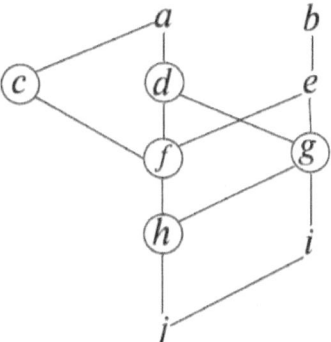

El conjunto de las cotas superiores de Y es $\{a\}$. Puesto que el mínimo de Y es a, también es su supremo. Los elementos c y d son maximales de Y. El conjunto de las cotas inferiores de Y es $\{h, j\}$. De este h es el máximo por lo que también es el ínfimo de Y.

Como vemos, si el supremo de un conjunto pertenece a un conjunto, este será también su máximo.

Retículos

Un retículo es un conjunto ordenado $(L, \leq)$ en el que cualquier subconjunto finito tiene supremo e ínfimo. Si $(L, \leq)$ es un retículo y $x, y \in L$, denotaremos por $x \vee y$ al supremo del conjunto $\{x, y\}$ y por $x \wedge y$ al ínfimo del mismo conjunto. Notemos que $x \vee y$ está definido por las propiedades:
$$x \leq x \vee y; \quad y \leq x \vee y$$

$$(x \leq z \text{ e } y \leq z) \rightarrow x \vee y \leq z$$

La primera parte dice que $x \vee y$ es una cota superior del conjunto $\{x, y\}$, mientras que la segunda dice que es la menor de sus cotas superiores.

Si $(L, \leq)$ es un retículo las operaciones $\vee$ y $\wedge$ satisfacen las siguientes propiedades:

a) Idempotencia: $a \wedge a = a$; $a \vee a = a$

b) Conmutatividad: $a \vee b = b \vee a$; $a \wedge b = b \wedge a$

c) Asociatividad:

$$(a \wedge b) \wedge c = a \wedge (b \wedge c) (a \vee b) \vee c = a \vee (b \vee c)$$

d) Absorción: $a \wedge (b \vee a) = a$; $a \vee (b \wedge a) = a$

Ejemplo

Para toda $n \in \mathbb{N}$ el conjunto ordenado por la división entera $(D_n, |\,)$ es un retículo, donde $x \vee y = mcm(x, y)$ es el mínimo común múltiplo de x e y, y $x \wedge y = mcd(x, y)$ el máximo común divisor de x e y. También $(\mathbb{N}, |\,)$ es un retículo con las mismas funciones de ínfimo y supremo.

Ejemplo

Si X es un conjunto, entonces $(Pot(X), \subseteq)$ es un retículo. En este caso las funciones de supremo e ínfimo vienen dados por la unión y la intersección de conjuntos respectivamente, es decir, $A \vee B = A \cup B$ y $A \wedge B = A \cap B$.

Ejemplo

El conjunto ordenado cuyo diagrama de Hasse es:

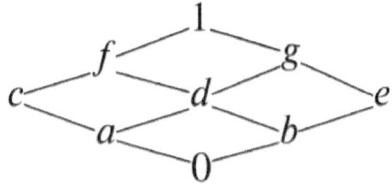

es un retículo. Por ejemplo:
$$c \vee d = f; \quad c \wedge d = a$$
$$b \vee c = f; \quad b \wedge c = 0$$
$$c \vee e = 1; \quad c \wedge e = 0$$

Ejemplo

El conjunto ordenado cuyo diagrama de Hasse es el siguiente no es un retículo pues $\{a, e\}$ no posee supremo.

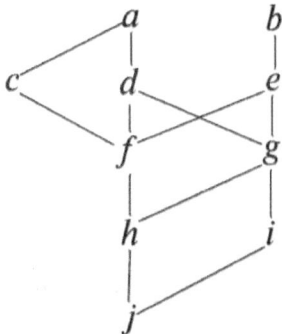

Si $(L, \leq)$ es un retículo, entonces para $x, y \in L$ se verifica que $x \leq y$ si y sólo si $x \vee y = y$. De igual forma, $x \leq y$ si y sólo si $x \wedge y = x$. Esto quiere decir que podemos recuperar el orden dentro de un retículo a partir de conocer las operaciones supremo o ínfimo.

En caso de existir, es usual representar por 1 al máximo de un retículo, y si posee mínimo, como 0. Es claro que el inverso de 1 es 0 y viceversa. Con esta notación tenemos que:
$$x \vee 1 = 1; \quad x \wedge 1 = x; \quad x \vee 0 = x; \quad x \wedge 0 = 0$$

Retículos distributivos

Un retículo L se dice distributivo si para cualesquiera $x, y, z \in L$, se verifica que: R
$$x \vee (y \wedge z) = (x \vee y) \wedge (x \vee z)$$
y
$$x \wedge (y \vee z) = (x \wedge y) \vee (x \wedge z)$$
En general, si L es un retículo se cumple:
$$x \vee (y \wedge z) \leq (x \vee y) \wedge (x \vee z)$$

Ejemplo

El retículo $(\mathbb{N} \cup \{0\}, |)$ es distributivo pues su supremo e ínfimo son 1 y 0 respectivamente. Por otro lado, para cada número natural n, el conjunto ordenado $(D_n, |)$ también es distributivo.

Ejemplo

Si X es un conjunto, entonces $(Pot(X), \subseteq)$ es un retículo distributivo, pues la unión y la intersección de conjuntos son distributivas la una con respecto de la otra.

El pentágono y el diamante

Los siguientes retículos son conocidos como el diamante y el pentágono, respectivamente.

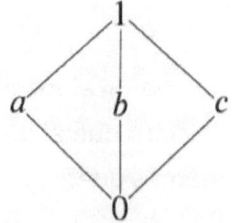
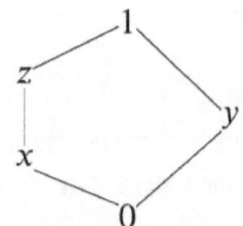

Para el diamante calculemos:

$$(a \wedge b) \vee (a \wedge c) = 0 \vee 0 = 0$$

Y también:

$$a \wedge (b \vee c) = a \wedge 1 = a$$

Lo anterior muestra que $(a \wedge b) \vee (a \wedge c) \neq a \wedge (b \vee c)$, por lo que el diamante no es un retículo distributivo. En cuanto al pentágono, tenemos que:

$$x \vee (y \wedge z) = x \vee 0 = x$$
$$(x \vee y) \wedge (x \vee z) = 1 \wedge z = z$$

Lo que dice que tampoco es distributivo. En general, un retículo es distributivo si no contiene como subretículos ni al pentágono ni al diamante.

Sea L un conjunto y dos operaciones binarias $\vee, \wedge$ sobre L que satisfacen las propiedades de conmutatividad, asociatividad, idempotencia y de absorción. En L definimos la relación $x \leq y$ si y sólo si $x \vee y = y$. Entonces $(L, \leq)$ es un conjunto ordenado donde las operaciones supremo e ínfimo vienen dadas por el orden inducido por $\vee$ y $\wedge$.

Un retículo finito siempre tiene máximo y mínimo. Si el retículo es infinito, puede tenerlo o no. Por ejemplo, $(\mathbb{N}, \leq)$ con el orden usual de los números reales tiene mínimo pero no tiene máximo, mientras que $(\mathbb{Z}, \leq)$ no tiene ni mínimo ni máximo. El retículo $(\mathbb{N}, |)$ es infinito y su máximo es 0 y su mínimo es 1.

Sea L un retículo cuyos elementos máximo y mínimo se denotan por 1 y 0 respectivamente, y sea $x \in L$. Se dice que $y \in L$ es un complemento de x si $x \vee y = 1$ y $x \wedge y = 0$. Obviamente, si y es un complemento de x, entonces x es un complemento de y. Si L es un retículo distributivo y $x \in L$ tiene complemento, entonces el complemento es único y lo denotamos por $\bar{x}$. Un retículo en el que todo elemento tiene complemento se dice complementado.

Ejemplo

Si L tiene máximo 1 y mínimo 0, entonces 0 es un complemento de 1.

Ejemplo

Para cualquier conjunto X el retículo $(Pot(X), \subseteq)$ es complementado. En efecto: dado $A \in Pot(X)$ tenemos:
$$A \cup (X - A) = X \text{ y } A \cap (X - A) = \emptyset$$

Ejemplo

El pentágono y el diamante son retículos complementados. Sin embargo los complementos de algunos elementos no son únicos. Así, en el diamante tanto b como c son complementos de a.

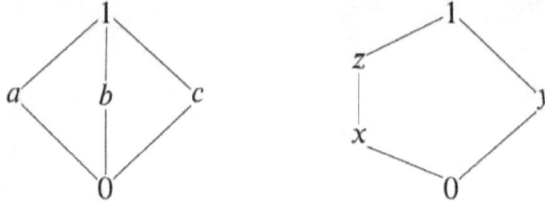

También a y c son complementos de b, y a y b son complementos de c. En el pentágono, tanto x como z son complementos de y mientras que el complemento de x y z es y.

Ejemplo

Si L es un conjunto totalmente ordenado con más de dos elementos, entonces L es un retículo distributivo pero no es complementado.

Ejemplo

Dado un número natural n, el retículo D_n no tiene por qué ser un retículo complementado. Por ejemplo, D_4 no es complementado pues es un conjunto totalmente ordenado con 3 elementos, mientras que $D(6)$ es un retículo complementado y también es distributivo:

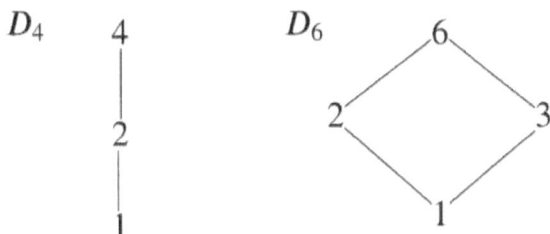

Una pregunta interesante es saber qué elementos de D_n tienen complemento y a partir de ahí, determinar para qué valores de n es D_n un retículo complementado. Por ejemplo, en D_{12} tienen complemento 1, 3, 4, 12, mientras que 2, 6 no. En D_{30} todos los elementos tienen complemento.

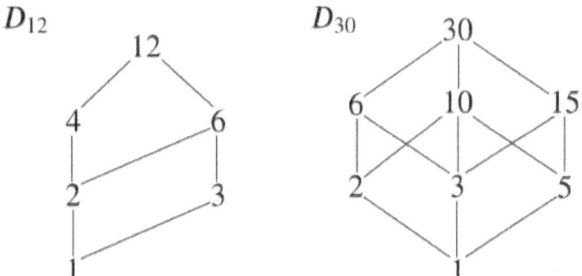

Ahora estamos en condiciones de definir de manera general la estructura que usamos en capítulos anteriores:

Un álgebra de Boole es un retículo distributivo y complementado.

Ejemplo

Dado un conjunto X, el conjunto $Pot(X)$ con el orden dado por la inclusión es un álgebra de Boole.

Ejemplo

Los conjuntos D_6 y D_{30} ordenados mediante la división entera son álgebras de Boole. No son álgebras de Boole D_4 ni D_{12}.

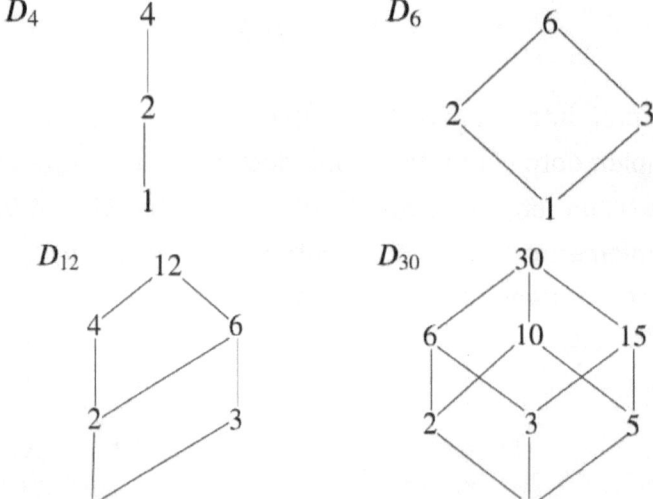

Al igual que los retículos se pueden definir sin mencionar el orden sino únicamente mediante las operaciones de supremo e ínfimo, las propiedades un álgebra de Boole pueden definirse también a partir de las operaciones ∨ y ∧, como veremos a continuación:

Un álgebra de Boole es un conjunto B dotado de dos operaciones binarias $\vee, \wedge$ tales que:
a) $x \vee (y \vee z) = (x \vee y) \vee z; \quad x \wedge (y \wedge z) = (x \wedge y) \wedge z$
b) $x \vee y = y \vee x; \quad x \wedge y = y \wedge z$
c) $x \vee (y \wedge z) = (x \vee y) \wedge (x \vee z); \quad x \wedge (y \vee z) = (x \wedge y) \vee (x \wedge z)$
d) $x \vee (x \wedge y) = x; \quad x \wedge (x \vee y) = x$
e) Existen $0, 1 \in B$ tales que:
$$x \vee 0 = x; \quad x \wedge 0 = 0$$
$$x \vee 1 = 1; \quad x \wedge 1 = x$$
f) Para cada $x \in B$ existe $\bar{x} \in B$ tal que $x \vee \bar{x} = 1$ y $x \wedge \bar{x} = 0$.

Es fácil comprobar que las dos definiciones que hemos dado de álgebra de Boole son equivalentes.

Ejemplo

Sea el conjunto $B = \{0,1\}$ y sean $\wedge, \vee$ funciones binarias en B definidas como:
$$x \wedge y = x$$
$$x \vee y = x + y + xy$$

Con estas operaciones B es un álgebra de Boole. De hecho es el álgebra de Boole más simple, a excepción de un álgebra de Boole con un solo elemento. Podemos definir un orden sobre B como $0 \leq 1$.

Ejercicios

1. Trazar el diagrama de Hasse de $(X, \leq)$, donde:
   a) $X = D_{48}$, $a \leq b$ si y sólo si $a|b$
   b) $X = D_{108}$, $a \leq b$ si y sólo si $a|b$
   c) $Pot(X)$, $A \leq B$ si y sólo si $A \subseteq B$, con $X = \{1,2,3,4\}$
   d) $Pot(X)$, $A \leq B$ si y sólo si $A \subseteq B$, con $X = \{a,b,c,d\}$

2. Dibujar el diagrama de Hasse de $(D(20), |\,)$. Dado $B = \{4, 10, 2\}$, encontrar los elementos minimales de $B = D(20) - \{1\}$.

3. Elaborar el diagrama de Hasse de $Pot(\{a,b,c,d\})$. Determinar los elementos minimales y maximales de:
$$P(\{a,b,c,d\}) \setminus \{\emptyset, \{a,b,c,d\}\}$$

4. Dados los siguientes conjuntos ordenados, cuyo orden está determinado por sus diagramas de Hasse, determinar si son o no retículos, y en cada caso establecer la relación de orden:

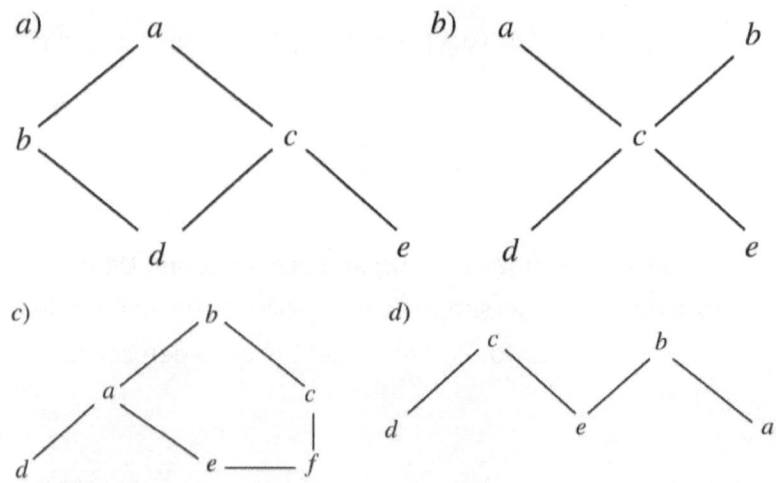

5. Decir cuáles de los siguientes conjuntos ordenados son retículos:

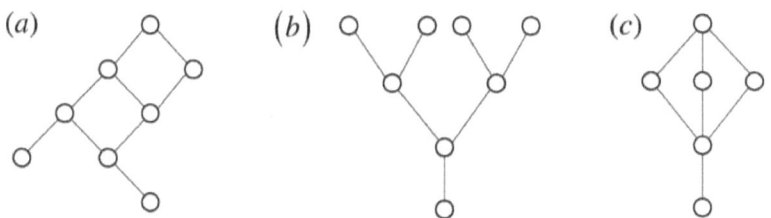

6. Sea $(L,\vee,\wedge)$ un retículo. Demostrar que para todos $a, b \in L$ se cumple que $a \vee b = a$ si y sólo sí $a \wedge b = a$.

7. Demostrar que para un retículo $(L,\vee,\wedge)$ y $a, b \in L$, la fórmula:
$$a \leq b = a \wedge b \text{ si y sólo si } a \wedge b = a$$
Define una relación de orden en L.

8. Sea $(L,\vee,\wedge)$ un retículo y $\{a_1, \ldots, a_n\}$ un subconjunto finito de L. Demostrar que:
$$\sup\{a_1, \ldots, a_n\} = \bigvee_{j=1}^{n} a_j$$
$$\inf\{a_1, \ldots, a_n\} = \bigwedge_{j=1}^{n} a_j$$

9. Determinar si el siguiente conjunto parcialmente ordenado satisface la igualdad $a \vee (b \wedge c) = (a \vee b) \wedge (a \vee c)$:

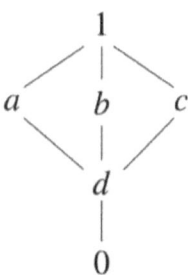

10. Expresar la operación conjunción en función de la disyunción y el complemento. Expresar la disyunción en función de la conjunción y el complemento.

Entre los métodos para simplificar funciones boolenas está el desarrollado por Willard Van Orman Quine y Edward J. McCluskey, que es similar al de mapas de Karnaugh, pero su forma tabular lo hace más práctico para su implementación computacional. También resulta práctico cuando se tiene una gran cantidad de variables booleanas implicadas.

Producto cartesiano de álgebras de Boole

Sean $n \in \mathbb{N}$ y B un álgebra de Boole. El producto cartesiano B^n es también un álgebra de Boole. En efecto, definimos las operaciones $\vee, \wedge$ y de complemento como:

$$(x_1, \ldots, x_n) \vee (y_1, y_2, \ldots, y_n) = (x_1 \vee y_1, \ldots, x_n \vee y_n)$$

$$(x_1, \ldots, x_n) \wedge (y_1, \ldots, y_n) = (x_1 \wedge y_1, \ldots, x_n \wedge y_n)$$

$$\overline{(x_1, \ldots, x_n)} = (\bar{x}_1, \ldots, \bar{x}_n)$$

Ejemplo

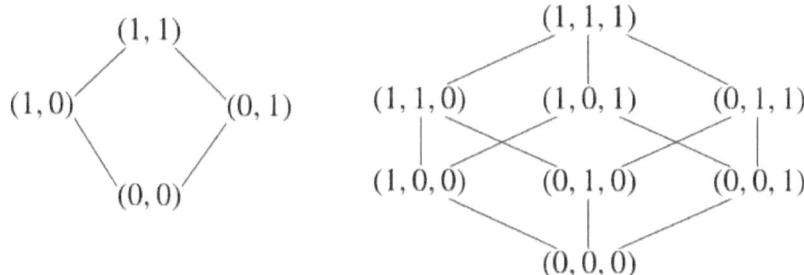

Sea $B = \{0,1\}$. Los anteriores representan los diagramas de Hasse de B^2 y B^3, son respectivamente. De hecho, se puede establecer una equivalencia entre B^2 y $Pot(a,b)$, y entre B^3 y $Pot(a,b,c)$.

Ejemplo

Pongamos de nuevo $B = \{0,1\}$. Las siguientes son álgebras de Boole:

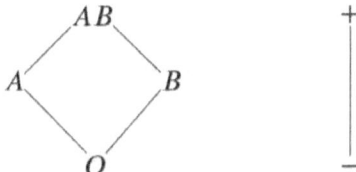

y tienen una estructura semejante a B^2 y B respectivamente. Su producto tiene la misma estructura que B^3. Su diagrama de Hasse es el siguiente:

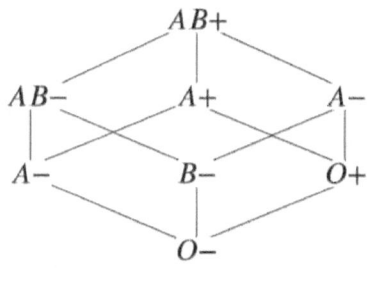

Los elementos de esta álgebra de Boole pueden verse como los ocho grupos sanguíneos. Ser menor o igual significa que puede donar, por lo que el grupo $0-$ corresponde al donante universal, mientras que el grupo $AB+$ es el receptor universal.

Funciones booleanas

Una función booleana sobre B^n es una aplicación $f\colon B^n \to B$. Por ejemplo, la función $f\colon B \to B$ dada por $f(0) = 1$, $f(1) = 0$ es la función booleana negación $f(x) = \bar{x}$.

Ejemplo

Sea B un álgebra de Boole y $f\colon B^2 \to B$ la función $f(x,y) = x \lor y$. Esta es una función booleana en 2 variables definida por la regla de correspondencia:
$$(0,0) \mapsto 0, \quad (1,0) \mapsto 1, \quad (0,1) \mapsto 1, \quad (1,1) \mapsto 1$$

Expresiones booleanas

Sea S un conjunto. Se definen expresiones booleanas sobre S de forma recursiva como sigue:
   a) Si $x \in S \cup \{0,1\}$, entonces x es una expresión booleana.
   b) Si x, y son expresiones booleanas, entonces también lo son:
$$x \lor y, \quad x \land y, \quad \bar{x}$$
A las expresiones booleanas que sean elementos de S o complementos suyos, los denominaremos literales.

Ejemplo

Sea $S = \{x, y, z\}$. Entonces x, $x \land z$, $\overline{(x \lor \bar{y})}$, 1 son expresiones booleanas. Así mismo, $x, \bar{y}, z$ son literales.

Para representar expresiones booleanas suele emplearse la notación xy o $x \cdot y$ en lugar de $x \land y$, y $x+y$ en lugar de $x \lor y$.

Por ejemplo, la expresión booleana $x \lor (y \land \bar{z})$ se representa como $x + (y\bar{z})$.

Pongamos $S = \{x_1, x_2, \cdots, x_n\}$. Asignemos a cada elemento de S una función $x_i: B^n \to B$ de la siguiente manera:
$$x_i(a_1, \ldots, a_i, \ldots, a_n) = a_i$$

Ejemplo

Sean el conjunto $S = \{x, y, z\}$ y la expresión booleana $x \lor (\bar{y} \land z)$. A este par le corresponde la función booleana:

$(0,0,0) \mapsto 0 \lor (1 \land 0) = 0$ $(0,0,1) \mapsto 0 \lor (1 \land 1) = 1$
$(0,1,0) \mapsto 0 \lor (0 \land 0) = 0$ $(0,1,1) \mapsto 0 \lor (0 \land 1) = 0$
$(1,0,0) \mapsto 1 \lor (1 \land 0) = 1$ $(1,0,1) \mapsto 1 \lor (1 \land 1) = 1$
$(1,1,0) \mapsto 1 \lor (0 \land 0) = 1$ $(1,1,1) \mapsto 1 \lor (0 \land 1) = 1$

En lugar de citar la regla de correspondencia es usual referirnos a la expresión booleana y el conjunto sobre la que se está definiendo la función booleana. Por tanto, la función del ejemplo puede describirse como $f(x, y, z) = x \lor (\bar{y} \land z)$.

Sea $S = \{x_1, x_2, \ldots, x_n\}$. Un mintérmino en n variables es el producto de n literales, cada uno con una variable diferente.

Ejemplo

Si $S = \{x, y, z\}$ son mintérminos xyz, $x\bar{y}\bar{z}$, $\bar{x}yz$. No son mintérminos xy, $xy\bar{y}$, ni tampoco xzx.

Sea m un mintérmino en n variables. Entonces m determina una función booleana $f: B^n \to B$ tal que vale 1 en un elemento de B^n y 0 en el resto.

Ejemplo

Sea $f: B^2 \to B$ la función booleana $f(x, y) = x\bar{y}$. Claramente $x\bar{y}$ es un mintérmino. En este caso:
$$f(1,0) = 1, f(0,0) = f(0,1) = f(1,1) = 0$$

Toda función booleana se expresa de forma única, salvo por el orden de sus variables, como una suma de mintérminos. Para esto se pueden emplear dos métodos. El primero consiste en evaluar la función en todos los elementos de B^n y ver en cuáles de ellos toma el valor 1. Cada uno de esos elementos se corresponde con un mintérmino.

El segundo método consiste en, a partir de una expresión booleana que defina a f, usar las propiedades de un álgebra de Boole (asociativa, distributiva, leyes de De Morgan, etc.) para transformar la expresión en una suma de mintérmino.

Ejemplo

Expresar como suma de mintérminos la función booleana:
$$f(x,y) = x + y$$
Solución

Empleemos el primer método. Evaluamos la función en los cuatro elementos de B^2:
$$f(0,0) = 0 + 0 = 0 \qquad f(0,1) = 0 + 1 = 1$$
$$f(1,0) = 1 + 0 = 1 \qquad f(1,1) = 1 + 1 = 1$$
El elemento $(0,1)$ se corresponde con el mintérmino $\bar{x}y$, el $(1,0)$ con $x\bar{y}$, mientras que $(1,1)$ se corresponde con xy. Por tanto:
$$f(x,y) = x\bar{y} + x\bar{y} + xy$$
Empleando el segundo método tenemos que:
$$\begin{aligned}f(x,y) &= x + y \\ &= x \cdot 1 + 1 \cdot y \\ &= x \cdot (y + \bar{y}) + (x + \bar{x}) \cdot y \\ &= xy + x\bar{y} + xy + \bar{x}y \\ &= xy + xy + x\bar{y} + \bar{x}y \\ &= xy + x\bar{y} + \bar{x}y\end{aligned}$$
Dado a entero tal que $0 \leq a \leq 2^n - 1$ para algún natural n, podemos representarlo en forma de mini término, es decir, como un número binario. Denotamos por $m(a)$ o por m_a al mini término asociado al número a.

Ejemplo

El mintérmino $xy\bar{z}\bar{w}$ toma el valor 1 en $(1,1,0,0)$. La representación en binario de 12 es $(1100)_2$, por lo que $xy\bar{z}\bar{w}$ es el mintérmino 12, o dicho de otra forma, $xy\bar{z}\bar{w} = m_{12} = m(12)$.

Ejemplo

La función booleana $f(x,y) = x + y$ se expresa como suma de mintérminos de la forma $f(x,y) = xy + x\bar{y} + x\bar{y}$. Empleando nuestra notación, tenemos que $f(x,y) = m_3 + m_2 + m_1$, o de manera equivalente, $f(x,y) = m_1 + m_2 + m_3$. También es común usar la notación $f(x,y) = \sum P_m(1,2,3)$.

El método de Quine-McCluskey

Se denomina implicante a un término formado por producto de variables booleanas (maxi termino o mini término). Un término se llamará implicante primo si no está incluido propiamente dentro de otro implicante, por lo que no podrá factorizarse ni podrá suscitar que se elimine alguna variable. Un implicante primo escencial es aquel que contiene uno o más mini términos que no estén incluidos en cualquier otro implicante primo. Se puede identificar los distintos tipos de implicantes en un mapa de Karnaugh:

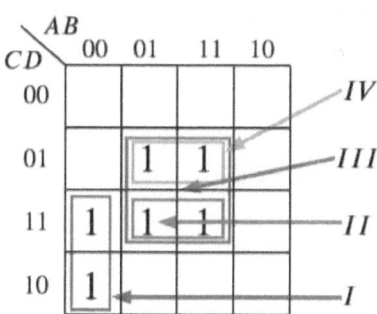

I, II, III son implicantes primos

IV no es implicante primo
II no es implicante primo esencial
La función se simplifica con los implicantes I y III

Para mostrar el método de Quine-McCluskey vamos a proceder a simplificar una función booleana, y a explicar cada uno de los pasos implicados en el mencionado proceso.

Ejemplo

Simplificar la función booleana $f: B^3 \to B$ dada por:

$$(A, B, C) \mapsto AB\bar{C} + \bar{A}BC + \bar{A}B\bar{C} + \bar{A}\bar{B}C$$

Solución

Construiremos la tabla de verdad de las imágenes de B^3 bajo f:

A	B	C	f	A	B	C	F		
0	0	0		1	0	0		$AB\bar{C} \to 110$
0	0	1	1	1	0	1		$\bar{A}BC \to 011$
1	1	0	1	1	1	0	1	$\bar{A}B\bar{C} \to 010$
1	1	1	1	1	1	1		$\bar{A}\bar{B}C \to 001$

$$f = AB\bar{C} + \bar{A}BC + \bar{A}B\bar{C} + \bar{A}\bar{B}C$$

Ahora acomodamos los mini términos por el número de $1's$ que tienen en orden descendente (de más a menos $1's$:

$$\text{Dos 1's} \quad \begin{matrix} 1 & 1 & 0 \\ 0 & 1 & 1 \end{matrix}$$

$$\text{Un 1} \quad \begin{matrix} 0 & 1 & 0 \\ 0 & 0 & 1 \end{matrix}$$

Y ahora comparamos cada elemento del bloque superior con cada elemento del bloque inferior:

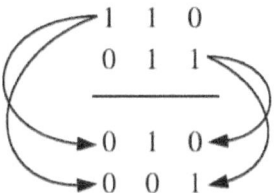

Anotamos en cada comparación el número de elementos distintos o variaciones. Si hay variación se pone el símbolo __ y en caso contrario, se pone el dígito que coincide:

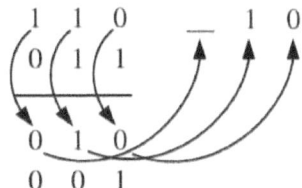

Si los mini términos comparados difieren en a lo más un dígito, los marcamos con un +:

```
+ 1 1 0     _ 1 0
  0 1 1
  _____
+ 0 1 0
  0 0 1
```

Ahora comparamos el primer mini término con el segundo mini término del segundo bloque:

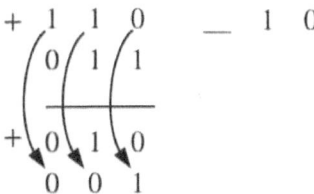

Como hay diferencia en más de un dígito, no se simplifican dichos elementos y se pasa a la siguiente comparación:

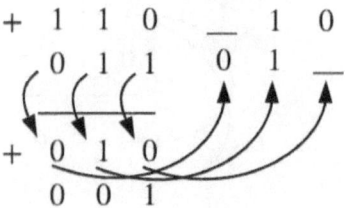

Ya que sólo hubo variación en un dígito se agrega un + en cada uno de los mini términos comparados:

```
+ 1  1  0     1  0
+ 0  1  1  0  1
_____
+ 0  1  0
  0  0  1
```

Y proseguimos con nuestro proceso de comparación en el orden que se indicó al principio:

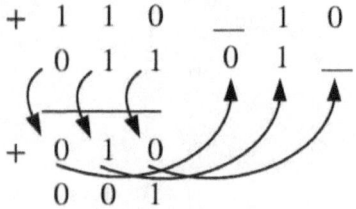

Nuevamente tenemos sólo variación en un dígito, por lo que sí tomamos en cuenta esta simplificación:

```
+ 1  1  0     1  0
+ 0  1  1  0  1
_____
+ 0  1  0
  0  0  1
```

Construimos lo que se denomina la rejilla de McCluskey, también llamada tabla de implicantes primos, que consiste en colocar los mini términos asociados a los términos de la función booleana a simplificar en la parte de arriba, y a la izquierda irán los elementos que resultaron de nuestra comparación anterior.

Cuando haya una coincidencia en los dígitos lo marcaremos con un asterisco:

	110	011	010	001
_10	*		*	
01_		*	*	
0_1		*		*

De cada columna elegiremos un elemento de tal forma que el número de elementos no seleccionados por fila sea el mínimo. En casos como este, algunos elementos tendrán que elegirse forzosamente:

	110	011	010	001
_10	(*)		*	
01_		*	*	
0_1		*		(*)

Por lo que sólo hace falta elegir un elemento de las columnas de en medio. En esta caso sí procedemos de acuerdo al criterio indicado:

	110	011	010	001
_10	(*)		(*)	
01_		*	*	
0_1		(*)		(*)

Por último, seleccionamos los términos de la izquierda en las filas en las que hayamos marcado un asterisco, descartando el carácter correspondiente a los guiones. Eso nos da la función booleana simplificada:

	110	011	010	001
_10	(*)		(*)	
01_		*	*	
0_1		(*)		(*)

$$f = B\bar{C} + \bar{A}C$$

Ejercicios

1. Simplificar las siguientes funciones con el método de Quine-McCluskey, trazar sus mapas de Karnaugh, señalar sus implicantes primos y trazar los circuitos asociados resultantes:

   e) $f = \bar{A}B\bar{C} + AB\bar{C} + \bar{A}BC + ABC$

   f) $f = \bar{A}\bar{B}\bar{C} + A\bar{B}\bar{C} + \bar{A}\bar{B}C + A\bar{B}\bar{C}$

   g) $f = \bar{A}\bar{B}\bar{C}\bar{D} + A\bar{B}\bar{C}D + \bar{A}\bar{B}C\bar{D} + A\bar{B}C\bar{D}$

   h) $f = \bar{A}\bar{B}\bar{C}\bar{D} + \bar{A}\bar{B}C\bar{D} + \bar{A}\bar{B}CD + \bar{A}B\bar{C}\bar{D} + A\bar{B}CD + A\bar{B}C\bar{D} + A\bar{B}CD + A\bar{B}C\bar{D}$

   i) $f = \bar{A}B\bar{C}\bar{D} + AB\bar{C}\bar{D} + \bar{A}\bar{B}\bar{C}D + \bar{A}\bar{B}CD + A\bar{B}\bar{C}D + A\bar{B}CD + \bar{A}BC\bar{D} + ABC\bar{D}$

   j) $f = \bar{A}\bar{B}\bar{C}\bar{D}\bar{E} + \bar{A}\bar{B}C\bar{D}\bar{E} + \bar{A}BCD\bar{E} + \bar{A}BC\bar{D}\bar{E} + \bar{A}B\bar{C}\bar{D}E + A\bar{B}\bar{C}\bar{D}E + A\bar{B}C\bar{D}\bar{E} + A\bar{B}CD\bar{E} + ABC\bar{D}\bar{E}$

   k) $f = \bar{A}\bar{B}C\bar{D}\bar{E} + \bar{A}BC\bar{D}\bar{E} + \bar{A}\bar{B}CDE + \bar{A}BCDE + A\bar{B}C\bar{D}\bar{E} + AB C\bar{D}\bar{E} + A\bar{B}CDE + ABCDE$

   l) $f = \bar{A}\bar{B}\bar{C}\bar{D}\bar{E}\bar{F} + \bar{A}\bar{B}\bar{C}\bar{D}EF + A\bar{B}\bar{C}\bar{D}E\bar{F} + ABC\bar{D}EF + \bar{A}BC\bar{D}\bar{E}\bar{F} + \bar{A}BC\bar{D}\bar{E}F$

   m) $f = \bar{A}\bar{B}\bar{C}\bar{D}\bar{E}\bar{F} + \bar{A}\bar{B}CD\bar{E}\bar{F} + A\bar{B}\bar{C}D\bar{E}\bar{F} + A\bar{B}CD\bar{E}\bar{F} + \bar{A}BCD\bar{E}\bar{F} + \bar{A}BCD\bar{E}\bar{F} + AB\bar{C}\bar{D}\bar{E}\bar{F} + ABCD\bar{E}F$

2. Utilizando el método de Quine-McCluskey simplificar los siguientes circuitos de compuertas lógicas digitales:

a) A B C

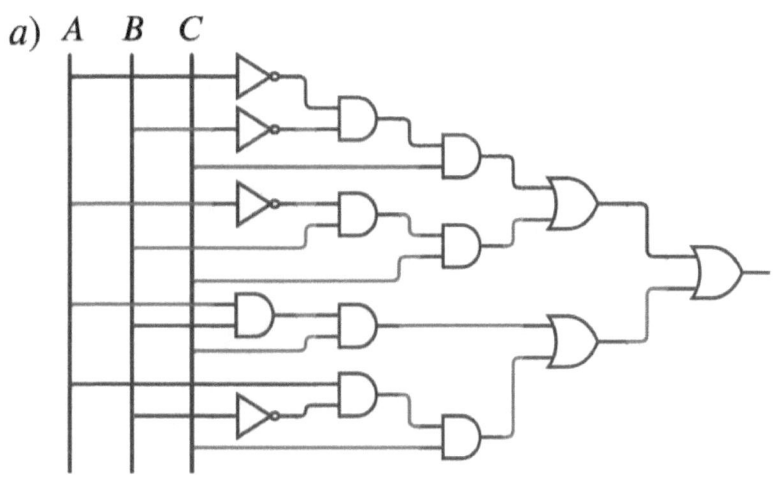

b) A B C

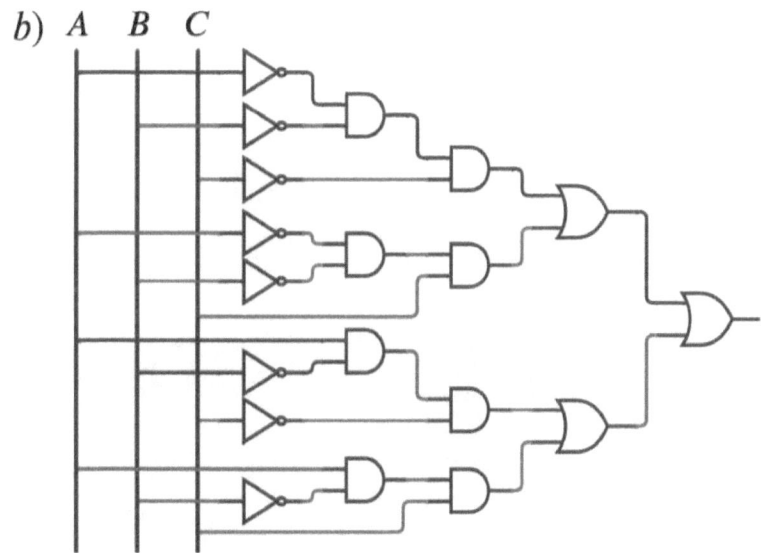

c)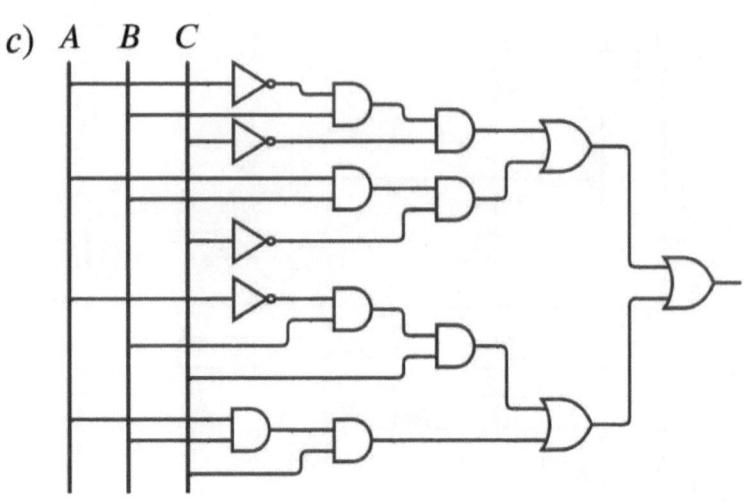

d)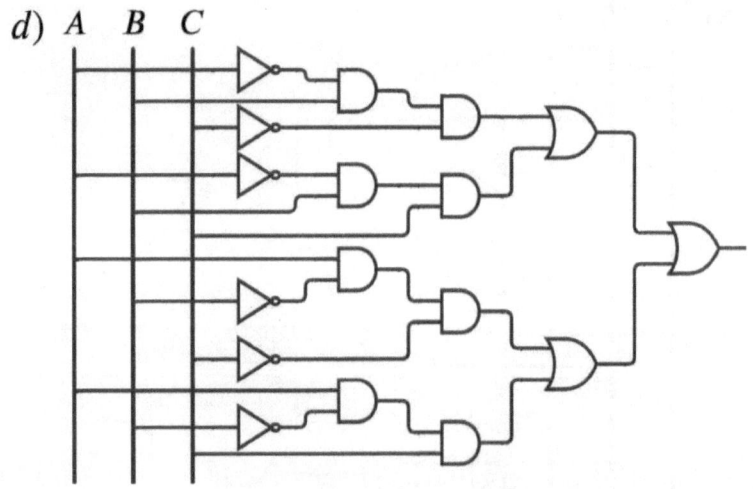

e)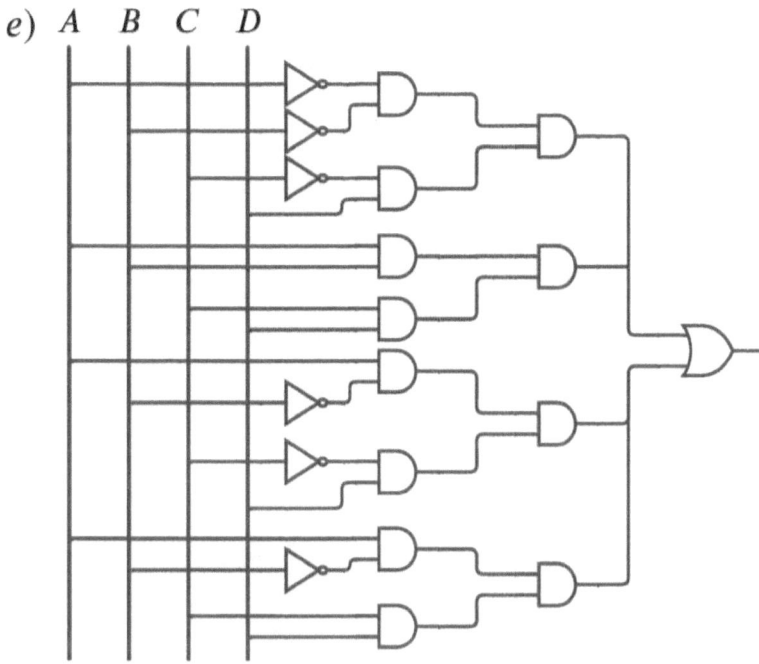

3. Sean A, B álgebras booleanas. Demostrar que el producto $A \times B$ es un álgebra booleana.

4. Dada un álgebra de Boole, denotemos por B^n el producto cartesiano de B consigo mismo n veces. Demostrar que B^n es a su vez un álgebra de Boole. Construir un isomorfismo entre $(Pot(X), \subseteq)$ y $(B^n, \leq)$, para alguna $n \in \mathbb{N}$ y $X = \{1,2,3,4\}$.

La electrónica digital es la rama de la electrónica que se encarga de sistemas en los que la **información** está codificada en estados discretos, a diferencia de los sistemas analógicos donde la información toma un rango continuo de valores. En la mayoría de sistemas digitales, el número de estados discretos es tan sólo de dos, y se les denomina niveles lógicos. Estos dos estados discretos reciben muchos parejas de nombres, siendo los más comunes 0 y 1, $False$ y $True$, Off y On, o $Bajo$ y $Alto$, entre otros. Tener sólo estos dos valores nos permiten usar el álgebra de Boole para realizar cálculo sobre las señales de entrada.

A continuación estudiaremos algunos ejemplos de circuitos elementales. Para recapitular todo lo visto sobre álgebras de Boole hasta el momento

Ejemplo. El encendido de un motor eléctrico está regido por la acción conjunta de tres interruptores A, B y C. Cada interruptor envía un 1 si está accionado, y un 0 si está abierto. Para que el motor pueda funcionar, dichos interruptores deben reunir las siguientes condiciones:

- A accionado, B y C abiertos.
- B y C accionados, A abierto.
- C accionado, A y B abiertos.
- A y C accionados, B abierto.

La tabla de verdad del problema anterior es la siguiente:

A	B	C	f
0	0	0	0
0	0	1	1
0	1	0	0
0	1	1	1
1	0	0	1
1	0	1	1
1	1	0	0
1	1	1	0

Y que tiene asociada la siguiente función booleana:

$$f = \bar{A}\bar{B}C + \bar{A}BC + A\bar{B}\bar{C} + A\bar{B}C$$

Podemos simplificar dicha función aplicando los axiomas del álgebra booleana:

$$f = \bar{A}\bar{B}C + \bar{A}BC + A\bar{B}\bar{C} + A\bar{B}C$$
$$f = \bar{A}[\bar{B}C + BC] + A[\bar{B}\bar{C} + \bar{B}C]$$
$$f = \bar{A}[(\bar{B} + B)C] + A[\bar{B}(\bar{C} + C)]$$
$$f = \bar{A}[1 \cdot C] + A[\bar{B} \cdot 1]$$
$$f = \bar{A}C + A\bar{B}$$

O también, mediante un mapa de Karnaugh:

AB\C	00	01	11	10
0				1
1	1	1		1

Cuya simplificación es:
$$f = \bar{A}C + A\bar{B}$$
En ambos casos, el circuito de compuertas lógicas será:

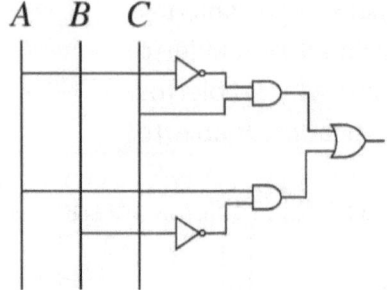

Ejemplo

Supongamos que hay un nudo de tuberías, 4 de entrada y 4 de salida. La tubería A aporta 5 litros por minuto, la tubería B 15 litros/minuto, la tubería C 25 litros/minuto, y la tubería D 30 litros/minuto. Cuatro sensores, uno por tubería de entrada, indican por cuál tubería está circulando el agua. Las tuberías de salida son SA, SB, SC y SD y pueden recoger 5, 10, 20 y 40 litros por minuto respectivamente.

Cada tubería de salida está regulada por una válvula que únicamente tiene dos estados: cerrada (0) o abierta (1). Teniendo en cuenta que sólo puede circular agua en dos tuberías de entrada simultáneamente, se desea activar las válvulas de las tuberías de salida necesarias para que salga tanto caudal de agua como entra.

a) Representar la tabla de verdad de la función
b) Obtener las funciones lógicas simplificadas para las cuatro válvulas
c) Implementar el circuito de control de la válvula de la tubería SB

Solución

a) Dibujamos la tabla de verdad sabiendo que no va a haber más de dos tuberías por las que entren agua, cada una de ellas representada por 1's en la tabla de verdad. En los casos que impliquen más de dos tuberías de entrada con agua pondremos una X en las salidas, ya que ese caso nunca se va a dar. Esto nos permitirá simplificar el mapa de Karnaugh. En la tabla se han incluido dos columnas que indican en número de litros/minuto que entran, para facilitar el cálculo de las válvulas que debemos de abrir de modo que salga el mismo caudal que entra

Entradas					*Salidas*				
5	10	25	30	*Entran*	5	10	25	30	*Salen*
0	0	0	0	0	0	0	0	0	0
0	0	0	1	30	0	0	0	1	30
0	0	1	0	25	0	0	1	0	25
0	0	1	1	55	0	0	1	1	55
0	1	0	0	10	0	1	0	0	10
0	1	0	1	40	0	1	0	1	40
0	1	1	0	35	0	1	1	0	35
0	1	1	1	—	X	X	X	X	—
1	0	0	0	5	1	0	0	0	5
1	0	0	1	35	1	0	0	1	35
1	0	1	0	30	1	0	1	0	30
1	0	1	1	—	X	X	X	X	—
1	1	0	0	15	1	1	0	0	15
1	1	0	1	—	X	X	X	X	—
1	1	1	0	—	X	X	X	X	—
1	1	1	1	—	X	X	X	X	—

b) A continuación se muestran las funciones simplificadas en suma de productos. Se podía haber realizado también en producto de sumas:

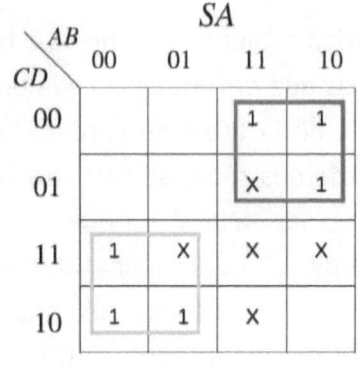

$$SA = \bar{A}C + A\bar{C} \qquad SB = \bar{B}D + B\bar{D} + AC$$

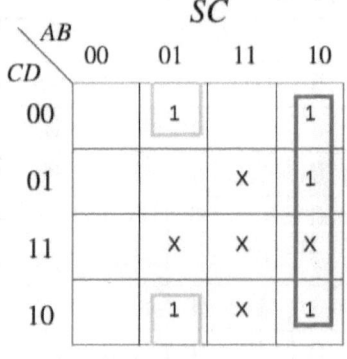

$$SC = \bar{A}B\bar{D} + A\bar{B} \qquad SD = BD + AB$$

c) Por último, damos la función lógica SB en compuertas lógicas digitales:

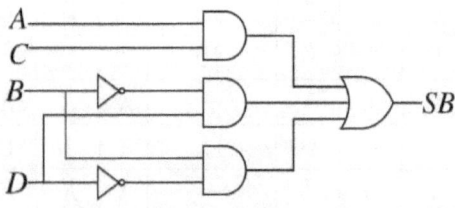

Ejercicios

1. Un circuito paridad es aquel que proporciona un 1 si el número de entradas con valor 1 es par. La siguiente es la tabla de verdad de un circuito paridad de 3 entradas:

A	B	C	f
0	0	0	1
0	0	1	0
0	1	0	0
0	1	1	1
1	0	0	0
1	0	1	1
1	1	0	1
1	1	1	0

   a) Diseñar un circuito paridad de 4 entradas.
   b) Diseñar un circuito paridad de 5 entradas.

2. Un circuito mayoría es aquel que proporciona un 1 si el número de entradas con 1 en su tabla de verdad es mayor que el número de entradas con valor 0:

A	B	C	f
0	0	0	0
0	0	1	0
0	1	0	0
0	1	1	1
1	0	0	0
1	0	1	1
1	1	0	1
1	1	1	0

   a) Construir un circuito mayoría con 4 entradas.
   b) Construir un circuito mayoría con 5 entradas.

3. Se desea instalar un sistema de alarma en una vivienda, la cual tiene ventanas A y B, y una puerta C. Un timbre deberá sonar al abrir alguna de las dos ventanas a la vez, o si se abre una de las ventanas y la puerta. Trazar el circuito simplificado de un sistema de alarma tal.

4. Se desea construir un circuito con compuertas lógicas tal que las entradas A, B, C y D representen los bits de un número entero no negativo. La salida f vale 1 si el número es una potencia de 2, y cero en caso contrario. Construir un dispositivo con tales requerimientos.

5. Una compuerta $NAND$ es un dispositivo que tiene por tabla de verdad la negación de una compuerta AND. Una compuerta NOR es un dispositivo que tiene por tabla de verdad la negación de una compuerta OR.

    a) Demostrar que con compuertas $NAND$ se pueden obtener las compuertas $Not, OR\ AND$ y NOR.

    b) Demostrar que con compuertas NOR se pueden obtener las compuertas $Not, OR\ AND$ y NOR.

6. Un sistema indicador de la temperatura de un proceso químico posee tres sensores de temperatura digitales. Cada indicador dará una salida de 1 si la temperatura está por encima del valor establecido. Diseñar el circuito para que el sistema detecte cuando la temperatura del proceso esté comprendida entre T_1 y T_2, o que sea superior a T_3 ($T_1 < T_2 < T_3$). Para refrigerar un invernadero existen dos ventiladores V_1 y V_2 cuyo modo de funcionamiento es el siguiente:

    a) Por debajo de T_1, no se activa ningún ventilador.
    b) Entre T_1 y T_2, se activa el ventilador pequeño V_1
    c) Entre T_2 y T_3, se activa el ventilador grande V_2
    d) Por encima de $T3$, se activan los dos ventiladores.

    Diseñar el circuito del dispositivo requerido.

7. Diseñar mediante un circuito de compuertas lógicas una máquina elemental que reconozca emitiendo un 1, si alguno de los siguientes hechos ocurren en la historia de Alicia en el País de las Maravillas:

   a) Alicia corre detrás de alguien
   b) El Conejo Blanco salta sobre el Sombrerero Loco
   c) Alguien salta sobre la Reina de Corazones
   d) El Conejo Blanco corre detrás de la Reina de corazones

   Codificar del siguiente modo las proposiciones que debe reconocer la máquina: Asignar a los cuatro personajes etiquetas binarias en orden alfabético:

   i) Alicia 00
   ii) El Conejo Blanco 01
   iii) La Reina de Corazones 10
   iv) El Sombrerero Loco 11

   Las relaciones se codifican como sigue a continuación:

   X salta detrás de Y tiene la etiqueta 0
   X salta sobre Y tienen la etiqueta 1

   Por ejemplo, la proposición "La Reina de Corazones salta sobre el Sombrerero Loco" se representa por 10111.

Evaluación de la Asignatura

El modelo por competencias centra la evaluación en las evidencias generadas durante el curso, las cuales pueden dividirse en evidencias de proceso y en evidencias de producto. Las evidencias de proceso se evalúan en dos partes. La primera es la evaluación formativa, la cual retroalimenta al participante y le da una forma de saber si sus actitudes están siendo las adecuadas o si puede implementar mejoras en las mismas. Nosotros le otorgamos una ponderación del 20%.

En la evaluación sumativa se condensan todas las competencias que se deben mostrar al final del curso. Algunos autores ponderan sólo sobre esta evaluación el total aprendizaje del participante. Nosotros otorgamos una ponderación del 30% sobre la calificación final.

Consideramos que el portafolio de producto, correspondiente a la bitácora de trabajo elaborada a lo largo de las sesiones, es fundamental para poder asignar una distinción, pues hoy en día es indispensable ser capaz de documentar los procesos que se realizan en las actividades laborales. Por esta razón le otorgamos una ponderación del 50%.

Evaluación formativa

Reactivo 1
Tema: Notación de conjuntos y aplicaciones.
Formato: Independiente. Cuestionamiento directo. Opción múltiple.
Base del reactivo:

Una circunferencia tiene un radio que mide r unidades. Determinar en cuánto habrá de aumentarse el radio para que el perímetro sea el doble.

Opciones de respuesta:

a) Se tiene que aumentar en $2r$ unidades

b) Se tiene que aumentar en $3r$ unidades

c) Se tiene que aumentar en r unidades

d) Se tiene que aumentar en $4r$ unidades

Reactivo 2
Tema: Notación de conjuntos y aplicaciones.
Formato: Independiente. Cuestionamiento directo. Opción múltiple.
Base del reactivo:

Una encuesta realizada a 200 personas sobre del consumo de tres productos A, B y C reveló que 87 consumen A, 102 consumen B y 95 consumen C, 60 utilizan A y B, 50 usan A y C, y 70 consumen usan B y C. ¿Cuántas personas consumen los tres productos al mismo tiempo si 144 de ellas usan al menos uno de los tres productos y 56 de ellas no consumen ninguno de los tres productos?

a) 40   b) 20   c) 30   d) 10

Reactivo 3
Tema: Relaciones de equivalencia.
Formato: Independiente. Relación de columnas.
Base del reactivo:

Sea $A = \{1,2,3,4\}$. Relacionar ambas columnas de tal forma que se correspondan con el tipo de relación binaria definida sobre A.

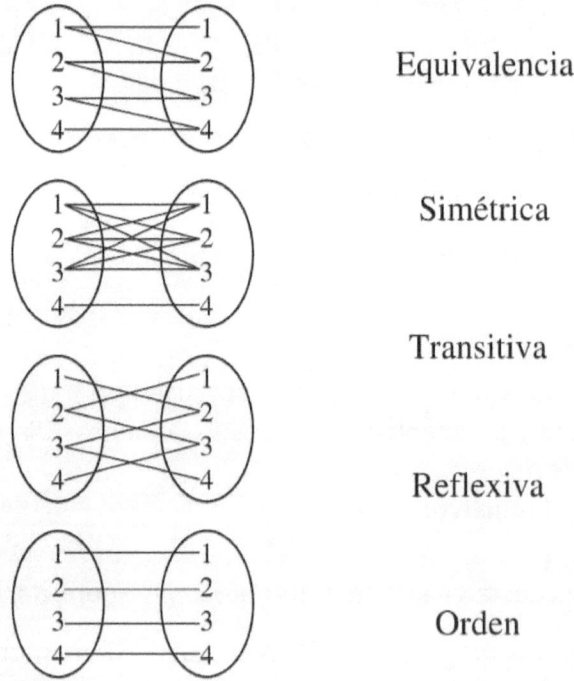

Reactivo 4
Tema: Relaciones de orden.
Formato: Independiente. uestionamiento directo. Elección de opciones.
Base del reactivo:

De las siguientes relaciones, elegir las que representan relaciones de orden sobre los conjuntos que se indican:

1) Sobre $\mathbb{Z} \times \mathbb{Z}$, $A = \{(x, y): x \text{ divide a } y\}$.
2) Si A es un conjunto, $\{x \in Pot(A): x \subseteq A\}$.
3) Sobre $A = \{1,2,3\}$, $\{(1,1), (2,2), (3,3), (1,2), (1,3), (2,3)\}$.
4) Sobre $A = \{1,2,3\}$,
   $B = \{(1,1), (2,2), (3,3), (1,2), (1,3), (2,3), (2,1)\}$.

Opciones de respuesta:

a) (2) y (4)
b) (1) y (3)
c) (3) y (4)
d) (2) y (3)

Reactivo 5

Tema: Inducción matemática
Formato: Independiente. Cuestionamiento directo. Pregunta abierta.
Base del reactivo:

Si n es un número natural cualquiera, demostrar utilizando inducción matemática que:

$$\frac{1}{6}(2n^3 + 3n^2 + n)$$

es un número natural.

Reactivo 6
Tema: Lógica proposicional
Formato: Independiente. Cuestionamiento directo. Construcción
Base del reactivo:

Trazar la tabla de verdad de la proposición:

$$[(p \wedge q) \to r] \to (p \vee r)$$

Reactivo 7
Tema: Sucesiones
Formato: Independiente. Cuestionamiento directo. Deducción
Base del reactivo:

Determinar si la siguiente sucesión es geométrica:

$$6, 12, 36, 72, 216, \ldots$$

Reactivo 8
Tema: Números pseudo aleatorios
Formato: Independiente. Cuestionamiento directo. Ejecución
Base del reactivo:

Hallar la última cifra de $(5^{35})^{53} \cdot 5^{45}$.

Reactivo 9
Tema: Números pseudo aleatorios
Formato: Independiente. Cuestionamiento directo. Ordenación.
Base del reactivo:

Mediante el método MLCG hallar las sucesiones de números pseudo aleatorios para $a = 3, m = 7$ y $x_0 = 1$.

Opciones de respuesta:

a) $x_0 = 1, x_1 = 3, x_2 = 1, x_3 = 4, x_4 = 5, x_5 = 6, x_6 = 2$.
b) $x_0 = 1, x_1 = 6, x_2 = 2, x_3 = 3, x_4 = 4, x_5 = 5, x_6 = 1$.
c) $x_0 = 1, x_1 = 3, x_2 = 2, x_3 = 6, x_4 = 4, x_5 = 5, x_6 = 1$.
d) $x_0 = 1, x_1 = 6, x_2 = 2, x_3 = 4, x_4 = 3, x_5 = 5, x_6 = 1$.

Reactivo 10
Tema: Números pseudo aleatorios
Formato: Independiente. Cuestionamiento directo. Ejecución
Base del reactivo:

Utilizando el método de los centros de los cuadrados, generar números pseudo aleatorios x_1, x_2, x_3, x_4, x_5, con la semilla $x_0 = 0.1702$.

# Reac.	Rúbrica de Evaluación Formativa	
	Competencias a mostrar y ponderaciones individuales	**Puntos obtenidos**
1	Elige opción correcta: 10 puntos	
2	Elige opción correcta: 10 puntos	
3	Elige la opción correcta: 2 puntos	
	Elige la opción correcta: 2 puntos	
	Elige la opción correcta: 2 puntos	
	Elige la opción correcta: 2 puntos	
	Elige la opción correcta: 2 puntos	
4	Elige opción correcta: 10 puntos	
5	Plantea base de inducción: 1 punto	
	Plantea hipótesis de inducción: 1 punto	
	Realiza paso de inducción 8 puntos	
6	La tabla es correcta: 10 puntos	
7	Argumenta criterio de razón común: 9 puntos	
	Concluye correctamente: 1 punto	
8	Utiliza aritmética de congruencias: 9 puntos	
	Proporciona cifra solicitada: 1 punto	
9	Elige la opción correcta: 10 puntos	
10	x_1 correcto: 2 puntos	
	x_2 correcto: 2 puntos	
	x_3 correcto: 2 puntos	
	x_4 correcto: 2 puntos	
	x_5 correcto: 2 puntos	
Total de puntos obtenidos (escala 0 – 100)		
Contingencias u observaciones		

Clave de la evaluación formativa

Reactivo 1. La expresión para obtener el perímetro de un círculo es $P = 2\pi r$. Al sustituir el radio aumentado en r obtenemos:
$$2\pi \cdot (r + r) = 2\pi \cdot 2r = 2(2\pi r) = 2P$$
Opción correcta c)

Reactivo 2. La fórmula para calcular la cardinalidad de tres conjuntos es la siguiente:
$$|A \cup B \cup C| = |A| + |B| + |C| - |A \cap B| - |A \cap C| - |B \cap C| + |A \cap B \cap C|$$
Sustituyendo los valores dados nos queda:
$$144 = 87 + 102 + 95 - 60 - 50 - 70 + |A \cap B \cap C|$$

Despejando obtenemos:
$$|A \cap B \cap C| = 40$$
Opción correcta a)

Reactivo 3. Las opciones son las siguientes:

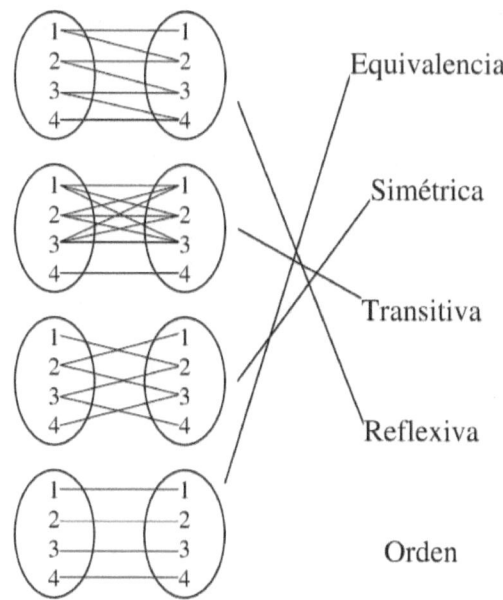

Reactivo 4. Son relaciones de orden sobre los conjuntos indicados las opciones (2) y (3).

Reactivo 5. Procedemos a realizar los pasos de inducción matemática:

Base de inducción: Para $n = 1$ se tiene que:
$$\frac{1}{6} \cdot [2(1)^3 + 3(1)^2 + (1)] = \frac{1}{6} \cdot [2 + 3 + 1] = \frac{1}{6} \cdot (6) = 1$$

Por lo que el resultado es cierto.

Hipótesis de inducción: Suponemos que el resultado se cumple hasta para cierto k natural, es decir:
$$\frac{1}{6}(2k^3 + 3k^2 + k)$$
es un número natural.

Paso de inducción: Evaluaremos el resultado para $n = k + 1$:
$$\frac{1}{6} \cdot [2(k+1)^3 + 3(k+1)^2 + (k+1)]$$
$$= \frac{1}{6} \cdot [2k^3 + 9k^2 + 13k + 6]$$
$$= \frac{1}{6} \cdot [2k^3 + (3k^2 + 6k^2) + (k + 12k) + 6)]$$
$$= \frac{1}{6}(2k^3 + 3k^2 + k) + \frac{1}{6} \cdot (6k^2 + 12k + 6)$$
$$= \frac{1}{6}(2k^3 + 3k^2 + k) + \frac{1}{6} \cdot 6 \cdot (k^2 + 2k + 1)$$
$$= \frac{1}{6}(2k^3 + 3k^2 + k) + (k^2 + 2k + 1)$$

El primer sumando es un número natural por la hipótesis de inducción, mientras que el segundo sumando también es natural por ser suma y producto de números naturales. Por tanto, se cumple la afirmación.

Reactivo 6.

p	q	r	$p \wedge q$	$p \vee r$	$(p \wedge q) \to r$	$[(p \wedge q) \to] \to (p \vee r$
0	0	0	0	0	1	0
0	0	1	0	1	1	1
0	1	0	0	0	1	0
0	1	1	0	1	1	1
1	0	0	0	1	0	1
1	0	1	0	1	1	1
1	1	0	1	1	0	1
1	1	1	1	1	1	1

Reactivo 7. Enumeramos los términos de la sucesión como sigue:

$$x_1 = 6, x_2 = 12, x_3 = 36, x_4 = 72, x_5 = 216, \ldots$$

Al realizar los cocientes x_{i+1}/x_i obtenemos:

$$\frac{x_2}{x_1} = 2, \quad \frac{x_3}{x_2} = 3, \quad \frac{x_4}{x_3} = 2, \quad \frac{x_5}{x_4} = 3$$

De donde se ve que en general x_{i+1}/x_i no es constante, lo que quiere decir que la sucesión no es geométrica.

Reactivo 8. El residuo de dividir un número entre 10 nos proporciona su última cifra. Podemos probar por inducción que $5^n \equiv 5 \ (mod \ 10)$ para cualquier natural n:

Base de inducción: $n = 1$:

$$5 \equiv 5 \ (mod \ 10)$$

Base de inducción: Suponemos cierto el resultado para $n = k$:

$$5^k \equiv 5 \ (mod \ 10)$$

Paso de inducción: Probamos el resultado para $n = k + 1$:

$$5^{k+1} = 5^k \cdot 5 \equiv 5 \cdot 5 \ (mod \ 10)$$

$$5 \cdot 5 = 25 \equiv 5 \ (mod \ 10)$$

Por tanto, $5^{k+1} \equiv 5 \ (mod \ 10)$. Así, la última cifra de la potencia de 5 dada es 5.

Reactivo 9. Desarrollando el método MLCG obtenemos:

$$x_0 = 1$$
$$x_1 = 3 \cdot 1 = 3 \equiv 3 \ (mod \ 7)$$
$$x_2 = 3 \cdot 3 = 9 \equiv 2 \ (mod \ 7)$$
$$x_3 = 3 \cdot 2 = 6 \equiv 6 \ (mod \ 7)$$
$$x_4 = 3 \cdot 6 = 18 \equiv 4 \ (mod \ 7)$$
$$x_5 = 3 \cdot 4 = 12 \equiv 5 \ (mod \ 7)$$
$$x_6 = 3 \cdot 5 = 15 \equiv 1 \ (mod \ 7)$$

La opción correcta es la c).

Reactivo 10. Empleando el método de von Newmann con el valor inicial dado nos queda:

$$x_0 = 0.1702, x_0^2 = 0.02896804$$
$$x_1 = 0.8968, x_1^2 = 0.80425024$$
$$x_2 = 0.4250, x_2^2 = 0.180625$$
$$x_3 = 0.8062, x_3^2 = 0.64995844$$
$$x_4 = 0.9958, x_3^2 = 0.99161764$$
$$x_5 = 0.1617$$

Evaluación sumativa

Reactivo 1
Tema: Retículos en álgebras de Boole
Formato: Independiente. Cuestionamiento directo. Construcción.
Base del reactivo:

Sea: $D_{210} = \{x \in \mathbb{N}: x \text{ es divisor de } 210\}$. Para $a, b \in D_{210}$ definimos el orden parcial $a \leq b$ si y sólo si $a|b$. Trazar el diagrama de Hasse de $(D_{210}, \leq)$.

Reactivo 2
Tema: Aplicaciones a la electrónica
Formato: Independiente. Cuestionamiento directo. Construcción.
Base del reactivo:

Un automóvil tiene dos puertas (A y B) y una cajuela (C). Se requiere que las luces interiores se enciendan cuando:

- Las dos puertas se abran al mismo tiempo
- Cuando se abra alguna de las puertas y la cajuela
- Cuando el conductor accione el encendido manual (D)

Se considera que cada sensor manda un 1 cuando cada entrada (puerta o cajuela) está cerrada, y que marca 0 cuando se abre. Si se activa el encendido manual, éste envía un 1, y manda 0 cuando no está activado. Trazar el circuito de compuertas lógicas digitales usando la expresión booleana simplificada.

Reactivo 3
Tema: Árboles y códigos de prefijo.

Formato: Independiente. Cuestionamiento directo. Construcción.
Base del reactivo:
Se requiere mandar la cadena **CUADERNO** a través de un servicio de mensajería instantánea haciendo uso de una codificación de Huffman. Trazar el árbol de código de prefijo correspondiente.

Reactivo 4
Tema: Árboles y códigos de prefijo
Formato: Derivado. Cuestionamiento directo. Ordenación.
Base del reactivo:

Descifrar las siguientes cadenas de caracteres utilizando el código de prefijo del reactivo anterior:

$$001\ 111\ 110\ 000\ 110\ 011$$
$$001\ 111\ 000\ 010\ 110\ 101$$
$$001\ 111\ 000\ 110\ 101\ 100$$
$$001\ 111\ 000\ 010\ 110\ 000$$

Opciones de respuesta:

a) CUARON, CUADRA, CUADRO, CURARE
b) CUADRA, CUARON, CURARE, CUADRO
c) CURARE, CUADRO, CUARON, CUADRA
d) CUADRO, CURARE, CUADRA, CUADRO

Reactivo 5
Tema: Árboles generadores mínimos.

Formato: Independiente. Cuestionamiento directo. Construcción.
Base del reactivo:

Se requiere instalar el cableado de red en puntos identificados por **A, B, C, D, E, F, G, H, I, J, K, L**. La distancia (en metros) entre cada uno de ellos está indicada en la siguiente tabla:

	A	B	C	D	E	F	G	H	I	J	K	L
A		4			5	2						
B	4		4			1						
C		4		2		2	4	5				
D			2				2					
E	5					3			4	4		
F	2	1	2		3		6			5		
G			4			6		4		7	5	6
H			5	2			4					2
I					4					2		
J					4	5	7		2		4	
K							5			4		3
L							6	2		3		

Trazar el grafo que representa la situación con la información dada y obtener el peso de un AGM del mismo.

Reactivo 6
Tema: Árboles de búsqueda binaria y recorrido de árboles, árboles de expresión y balanceo de árboles.
Formato: Independiente. Cuestionamiento directo. Construcción.
Base del reactivo:

Crear el AVL de la lista $\{7,0,1,5,4,10,15,20\}$.

Reactivo 7

Tema: Árboles de búsqueda binaria y recorrido de árboles.

Formato: Independiente. Cuestionamiento directo. Construcción. Opción múltiple.

Base del reactivo:

Dar el recorrido de los siguientes árboles de la siguiente manera:

$i)$ Preorden $ii)$ Inorden $iii)$ Postorden

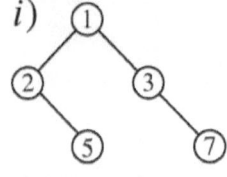 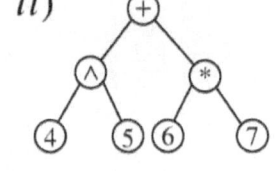 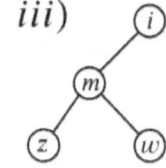

Opciones de respuesta

a) $i)$ 1,2,5,3,7 $ii)$ 4,5, ^,6,7,*, + $iii)$ $z, m, w. i$

b) $i)$ 5,2,7,3,1 $ii)$ +, ^,4,5,* ,6,7 $iii)$ z, m, w, i

c) $i)$ 1,2,3,5,7 $ii)$ 4,5, ^,6,7,*, + $iii)$ i, m, z, w

d) $i)$ 1,2,5,3,7 $ii)$ +, ^,* ,4,5,6,7 $iii)$ i, m, z, w

Reactivo 8

Tema: Ruta mínima.

Formato: Independiente. Cuestionamiento directo. Construcción.

Base del reactivo:

Un pastor viaja con un lobo, una oveja y una caja de coles. En un punto de su viaje debe cruzar un rio, pero en la barca de que dispone no hay más espacio que para el hombre y un animal, o el hombre y la caja. Por tanto debe decidir como cruzar a los animales y las coles al otro lado del río, sin dejar en ningún momento solos al lobo con la oveja, ni a la oveja con las coles. Representar este problema como el problema de encontrar el camino mas corto entre dos nodos de un grafo.

Reactivo 9
Tema: Redes sociales y motores de búsqueda en internet.
Formato: Independiente. Cuestionamiento directo. Construcción.
Base del reactivo:

En la red social Facebook™ los usuarios A, B, C, D, E y F han registrado la siguiente actividad:

- C agregó a B, a E y a F
- E agregó a F y a B
- D agregó a F y a A

Trazar el grafo que describe la situación anterior, y mediante su matriz de adyacencia determinar mediante el número de amigos en común entre F y A, y entre A y C.

Reactivo 10
Tema: Árboles de expresión y balanceo de árboles.
Formato: Independiente. Cuestionamiento directo. Construcción.
Base del reactivo:

Trazar el árbol de expresión de:
$$\sqrt{\frac{a}{b-c}}$$

Clave de la evaluación sumativa

Reactivo 1. El diagrama de Hasse solicitado es el siguiente:

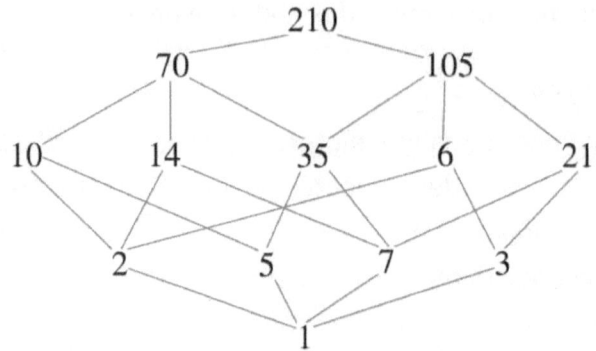

Reactivo 2. El mapa de Karnaugh, la función simplificada, y el circuito son los siguientes:

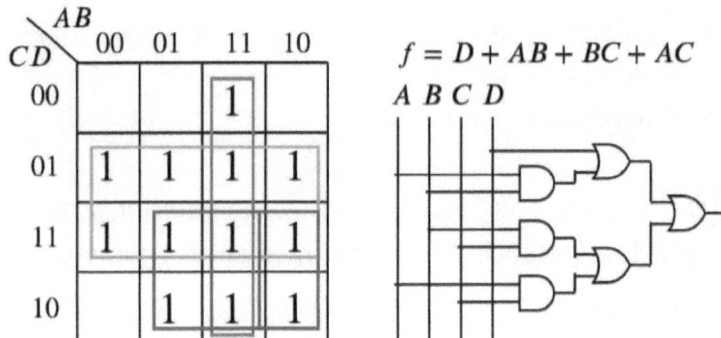

$f = D + AB + BC + AC$

Reactivo 3.

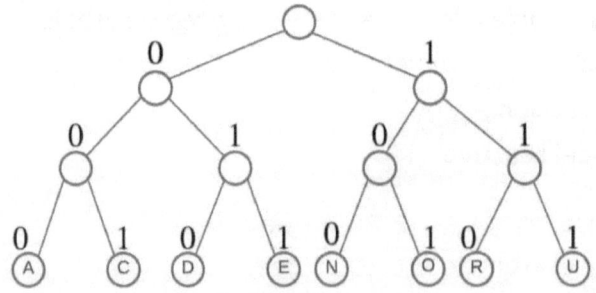

Reactivo 4. Las codificaciones son:
$$A(000), C(001), D(010), E(011)$$

$N(100), O(101), R(110), U(111)$

Por lo que la opción correcta es la c).

Reactivo 5.

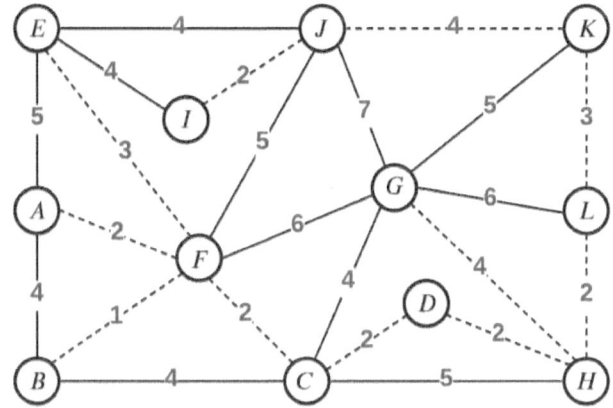

El peso de cualquier AGM es 27.

Reactivo 6

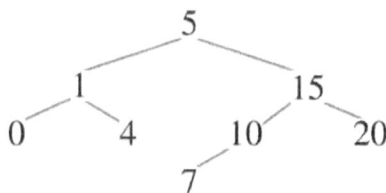

Reactivo 7. La opción correcta es la b).

Reactivo 8. Se forma un nodo por cada una de las posibles situaciones que evitan que se pierda alguna de las posesiones del pastor. El paso de un nodo a otro es la evolución de una situación a otra.

P = Pastor
O = Oveja
C = Coles
L = Lobo

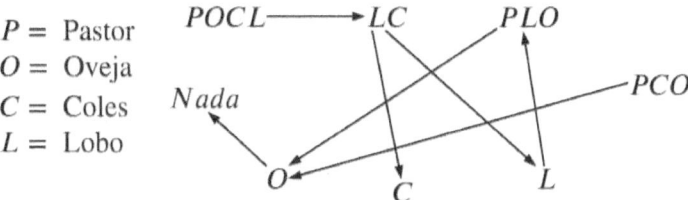

A continuación se elige la ruta más corta desde el nodo $POCL$ al nodo $Nada$. De la figura se puede apreciar que las únicas dos rutas posibles son:

$$POCL \to LC \to L \to PLO \to O \to Nada$$
$$POCL \to LC \to C \to PCO \to O \to Nada$$

Cualquiera de ambas tiene la misma longitud.

Reactivo 9.

$$M_G = \begin{pmatrix} & A & B & C & D & E & F \\ A & 0 & 0 & 0 & 1 & 0 & 0 \\ B & 0 & 0 & 1 & 0 & 1 & 0 \\ C & 0 & 1 & 0 & 0 & 1 & 1 \\ D & 0 & 0 & 0 & 0 & 0 & 1 \\ E & 0 & 1 & 1 & 0 & 0 & 1 \\ F & 0 & 0 & 1 & 1 & 1 & 0 \end{pmatrix}$$

$$M_G^2 = \begin{pmatrix} & A & B & C & D & E & F \\ A & 1 & 0 & 0 & 1 & 0 & 1 \\ B & 0 & 2 & 1 & 0 & 1 & 2 \\ C & 0 & 1 & 3 & 1 & 2 & 1 \\ D & 0 & 0 & 1 & 2 & 1 & 0 \\ E & 0 & 1 & 2 & 1 & 3 & 1 \\ F & 1 & 2 & 1 & 0 & 1 & 3 \end{pmatrix}$$

Amigos en común entre F y A: 1
Amigos en común entre A y C: 0

Reactivo 10. Usamos el símbolo $\wedge$ para denotar potencia. También reescribiremos la expresión en notación exponencial:

$$\sqrt{\frac{a}{b-c}} = \left(\frac{a}{b-c}\right)^{1/2}$$

Entonces el árbol de expresión es el siguiente:

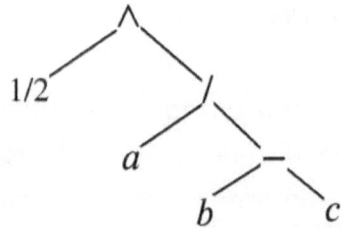

	Rúbrica de Evaluación Sumativa	
# Reac.	Competencias a mostrar y ponderaciones individuales	Puntos obtenidos
1	Describe correctamente D_{210}: 5 puntos	
	Traza diagrama de Hasse correcto: 5 puntos	
2	Proporciona expresión booleana correcta y reducida: 10 puntos	
	Bosqueja circuito de compuertas lógicas correcto y reducido: 10 puntos	
3	Bosqueja árbol de cód. de prefijo: 5 puntos	
4	Elige opción correcta: 5 puntos	
5	Traza grafo correcto: 5 puntos	
	Resalta AGM e indica peso correcto: 5 puntos	
6	Bosqueja AVL correcto: 10 puntos	
7	Opción i) correcta: 3 puntos	
	Opción ii) correcta: 3 puntos	
	Opción ii) correcta: 3 puntos	
	Las tres opciones correctas: 1 punto	
8	Traza grafo correcto: 5 puntos	
	Encuentra ruta mínima en grafo: 5 puntos	
9	Bosqueja grafo de la situación: 5 puntos	
	Encuentra ruta mínima: 5 puntos	
10	Dibuja árbol de expresión: 10 puntos	
Total de puntos obtenidos (escala 0 – 100)		
Contingencias u observaciones		

Rúbrica de Evaluación de Producto		
Sesion	Evidencias de desempeño	Puntos
1	Problemas completos: 2 puntos	
Contingencias u observaciones		
2	Problemas completos: 2 puntos	
Contingencias u observaciones		
3	Problemas completos: 2 puntos	
Contingencias u observaciones		
4	Problemas completos: 2 puntos	
Contingencias u observaciones		
5	Problemas completos: 2 puntos	
Contingencias u observaciones		
6	Problemas completos: 2 puntos	

Contingencias u observaciones		
7	Problemas completos: 2 puntos	
Contingencias u observaciones		
8	Problemas completos: 2 puntos	
Contingencias u observaciones		
9	Problemas completos: 2 puntos	
Contingencias u observaciones		
10	Problemas completos: 2 puntos	
Contingencias u observaciones		
11	Problemas completos: 2 puntos	
Contingencias u observaciones		
12	Problemas completos: 2 puntos	

Contingencias u observaciones		
13	Problemas completos: 2 puntos	
Contingencias u observaciones		
14	Problemas completos: 2 puntos	
Contingencias u observaciones		
15	Problemas completos: 2 puntos	
Contingencias u observaciones		
16	Problemas completos: 2 puntos	
Contingencias u observaciones		
17	Problemas completos: 2 puntos	
Contingencias u observaciones		
18	Problemas completos: 2 puntos	

Contingencias u observaciones		
19	Problemas completos: 2 puntos	
Contingencias u observaciones		
20	Problemas completos: 2 puntos	
Contingencias u observaciones		
21	Problemas completos: 2 puntos	
Contingencias u observaciones		
22	Problemas completos: 2 puntos	
Contingencias u observaciones		
23	Problemas completos: 2 puntos	

Contingencias u observaciones		
24	Problemas completos: 2 puntos	
Contingencias u observaciones		
25	Problemas completos: 2 puntos	
Contingencias u observaciones		
Total de puntos obtenidos de evidencia de producto		

Rúbrica de Evaluación Final		
Tipo de evaluación y ponderación	**Descripción**	**Puntos obtenidos**
Formativa 20%	Retroalimenta al participante. Da un forma de saber si sus actitudes están siendo las adecuadas, o si puede implementar mejoras en las mismas. En caso de haberlos los procedimientos son completos y detallados, los resultados y conclusiones son correctos y están resaltados o claramente indicados	
Sumativa 30%	Condensan las competencias que se deben mostrar al final del curso. En caso de haberlos, los procedimientos son completos y detallados, los resultados y conclusiones son correctos y están resaltados o claramente indicados	
De producto 50%	Demuestra la capacidad del participante para documentar los procesos que lleva a cabo. Las notas de cada sesión contienen el total de contenidos y son claras y legibles	
Total de puntos obtenidos (escala 0 – 100)		

Contingencias u observaciones

Índice Analítico

A

ABB 208, 209
Absorción................................ 249
AGM 195
Alfabeto 185
Álgebra de Boole ... 246, 282, 292, 298
Algoritmo 77
   de caminos mínimos 168
   de Christofides 200
   de Dijkstra 168
   de Kruskal 195
   de Prim 197
   recursivo 77
Árbol
   altura de un 184
   AVL 226
   balanceado 226
   binario 184
   de búsqueda binaria .. 208, 209
   de código de prefijo ... 185, 186
   de decisión 234, 238
   de expresión 222
   de peso mínimo 195
   de prefijo 186
   definición de 183
   enraizado 183
   equilibrado 226
   generador 194
   generador mínimo 195
   hojas de un 184
   peso de un 184
   raíz de un 184
Asociatividad 248
Autovalores 163
Axiomas
   de conjuntos 47
   de Kolmogorov 236

C

Caminos en grafos 158
Codificación de Huffman 187

Código de prefijo 185
Codominio
   de una función 97
   de una relación 97
Competencias 324
   disciplinares 21
   específicas 22
   genéricas 20
Complementación 247
Composición
   de funciones 106
   de relaciones 106
Compuertas lógicas 246
Congruencias 138
   aritmética de las 138
Conjunto
   complemento de 50
   de los números enteros 35
   de los números Naturales 35
   definición de 46
   finito 121
   pertenencia a un 48
   potencia 59
   universal 48
   vacío 47
Conjuntos
   diferencia de 49
   diferencia simétrica de 49
   por comprensión 57
   por extensión 56
   unión de 48
Conmutatividad 248
Cota
   inferior 285
   superior 284
Criterio
   de divisibilidad entre 11 142
   de divisibilidad entre 9 141
Criterios de divisibilidad 141

D

Demostración
   por inducción matemática ... 39

tipos de 39
Diagrama
    de Hasse 282
    de Veitch 258
    de Venn 48
    de Venn-Euler 48, 59
    sagital 97, 119
Diferencia común 129
Distributividad 248
Divisibilidad
    definición de 141
    entre 11 142
    entre 9 141
Dominio
    de una función 97
    de una relación 97

E

Eigenvalores 163
Eigenvectores 163
Electrónica digital 314
Elemento
    maximal 283
    máximo 287
    minimal 284
    mínimo 283, 285, 287
Elementos nulos 247
Espacio muestral 235
Evaluación
    de portafolio de producto .. 344
    final 349
    formativa 324, 325
    sumativa 324, 335, 340, 343
Evaluación formativa
    clave de 331
    rúbrica 330
Evaluación sumativa
    clave 340
    rúbrica 343
Evento 235
    independiente 236
    probabilidad de un 235
Experimento aleatorio 234
Expresión
    booleana 300
Expresión booleana 249

F

Frecuencia relativa 185
Función
    biyectiva 121
    booleana 249, 300
    definición de 118
    inyectiva 120
    representación cartesiana . 119
    representación como conjunto
    118
    suprayectiva 120

G

Grado de un vértice 151, 183
Grado exterior
    de un vértice 152
Grafo
    conexo 150, 182
    definición de 149
    dirigido 149, 162, 170
    disconexo 150
    no dirigido 149
    poderado por aristas 195
Grafos
    historia de los 148
    isomorfos 152

I

Idempotencia 247
Identidades de sumatorias 74
Implicante
    primo 303
    primo esencial 304
Inducción matemática 74
Ínfimo de un conjunto 285
Involución 247
Isómero 182

J

Juego de Nim 82

L

Lenguaje matemático 34, 35
Leyes 39
   de De Morgan 50, 51, 249
   del álgebra de Boole 246
Longitud de un camino 159

M

Mapa de Karnaugh 258, 270
matrices
   suma de 87
Matrices
   multiplicación de 87
Matriz
   antisimétrica 89
   booleana 88, 99
   cuadrada 85
   de adyacencia 151, 159
   definición 84
   diagonal 86
   diagonal de una 85
   idempotente 88
   identidad 86
   involutiva 88
   multiplicación por escalar 87
   normal 89
   nula 85
   ortogonal 89
   relacional 98
   simétrica 89
   traspuesta de 89
   traza de 90
   triangular inferior 86
   triangular superior 86
Máximo
   de un conjunto 284
Maxitérmino 250, 301, 303
Método
   congruencial mixto 144
   de los centros de los
      cuadrados 143
   de Quine-McCluskey .. 301, 303
   MLCG 142

Minería de datos 240
Minitérmino 250, 301, 303
Motores de búsqueda 161

N

Nodo
   no visitado 169
   visitado 169
Números pseudo XE "Criterio:de
   divisibilidad entre 11"
   aleatorios 142

O

Operaciones
   con matrices 87
   entre conjuntos 48
Operaciones booleanas 247
Operador
   condición 68
   conjunción 67, 68, 247
   disjunción 67
   lógico 67
   negación 67, 247

P

Palabra 185
Paradoja 66
Paradoja del Barbero 66
Peso
   de un árbol por aristas 195
   de un vértice 151
   de una arista 170, 195
Polígono convexo 82
Portafolio de producto ... 324, 344
Probabilidad 234
Problema del agente viajero .. 194,
   199
Producto
   cartesiano 96, 311
   de álgebras de Boole .. 298, 311
Proposición 53, 67
   atómica 67
   falsa 67
   molecular 68

verdadera 67
Proposiciones lógicamente
  equivalentes 70

R

Razón común............................131
Recorrido
  de árboles binarios 211
  en anchura........................211
  en inorden 213
  en postorden 214
  en preorden.......................212
  en profundidad..................212
Rejilla de McCluskey...............307
Relación 96
  antisimétrica...............110, 111
  binaria.........................107, 110
  de equivalencia 107
  de orden 111
  definición de........................96
  reflexiva 107
  representación cartesiana....98
  representación como conjunto
   98
  transitiva....................108, 111
Retículo 285
  complementado 289
  diamante 288
  distributivo 286, 287, 288
  pentágono 288
Ruta más corta 169

S

Simplificación
  de expresiones booleanas 270, 272
Sucesión
  aritmética 128
  definición de 128
  geométrica........................ 131
Sucesión aritmética
  suma de una 130
Sucesión geométrica
  suma de una 133
Supremo de un conjunto........ 284

T

Tabla de verdad....................... 67
Técnica
  demostrativa 31
  diálogo-discusión 31
  expositiva........................... 31
Teoría de conjuntos................. 46
Término inicial 129, 131
Torres de Hanoi 77

V

Vértice
  ancestro de un 184
  descendiente de un 184
  hermano de un 184
  hijo de un........................... 184
  padre de un 184
Vértices adyacentes 150

Bibliografía y Referencias

- Carlos Uzcátegui Aylwin. (2018). Lógica, Conjuntos y Números. Universidad de Los Andes: Coeditado por la Comisión de Desarrolllo de Pregrado (CODEPRE), Fundación Polar y el Consejo de Publicaciones de la Universidad de Los Andes.
- Hillier Frederick S., Lieberman Gerald J. Investigación de Operaciones. México: Mc Graw-Hill. (2014) Octava edición.
- Winston, Wayne L. Investigación de Operaciones Aplicaciones y algoritmos (2004). Cengage Learning, México. Cuarta edición.
- Anton, Howard (1994). Elementary Linear Algebra Applications. John Wiley & Sons Ltd. Séptima edición.
- F. Harary, Graph Theory, Addison-Wesley series in Mathematics, Perseus Books, 1994.
- Malvino, A; Bates, Principios de Electrónica, 7ª Edición, McGraw – Hill 2016.
- N.R. Malik, "Circuitos Electrónicos. Análisis, simulación y diseño", Prentice-Hall, 1996.
- Wolfram, Stephen, Un Nuevo Tipo de Ciencia. Wolfram Media. Champaign, IL **ISBN:** 1-57955-008-8 www.wolframscience.com
- Tocci, R. (2003). Sistemas digitales, principios y aplicaciones, México: Pearson Prentice Hall. Díaz, J. (2010). Método de simplificación de funciones lógicas utilizando el método de Quine McCluskey.
- Jorge Visca. Introducción a los juegos lógicos en el tratamiento psicopedagógico.
- Vicente Meavilla, Almuzara, 2011.EL LOBO, LA CABRA Y LA COL.
- Juegos de ingenio y Entretenimiento Matemático. ALEM J. P. Geisa. Barcelona.

- Samuel Gutiérrez Revenga, A. (2006), Algoritmos de búsqueda en profundidad y en anchura.
- Edward Kasner y James Newman, A.(2007) Matemáticas e Imaginación, D.R. Librería S.A.
- Monografía "Acertijo del lobo, la cabra y la col". (2014) Cueva Rengifo, Edward Klaus. González Amaya, Yojhaira Bebzabeth. Editorial Trujillo-Perú. 2014.
- Importancia de la planeación didáctica por competencias en asignaturas de matemáticas para ingeniería. Contreras-Rivero, Jannette*†, Vales-Pinzon, Ricalde-Castellanos, Luis. Revista de Tecnologías de la Información. Junio 2016 Vo.3 No.7 48-56.
- Fundamentos de Investigación de Operaciones. Modelos de Grafos. www.inf.utfsm.cl/~esaez/fio/s1_2004/apuntes/grafos_s1_2004
- Métodos de simplificación de expresiones booleanas
- Tocci, R. (2003). Sistemas digitales, principios y aplicaciones, México: Pearson Prentice Hall. Díaz, J. (2010). Método de simplificación de funciones lógicas utilizando el método de Quine McCluskey.

www.ingramcontent.com/pod-product-compliance
Lightning Source LLC
Chambersburg PA
CBHW031606210526
45464CB00004B/1454